Turbinenöle im Kraftwerksbetrieb

TRIBOLOGIE

SCHMIERUNG, REIBUNG, VERSCHLEIß

Herausgegeben von Dr. Manfred Jungk

Die Tribologie ist ein interdisziplinäres Fachgebiet, mit Schwerpunkten aus den Bereichen Maschinenbau, Chemie, Physik und Werkstoffwissenschaften. Entsprechend vielfältig sind die Forschungsthemen und Anwendungen.

Die Reihe *Tribologie – Schmierung, Reibung, Verschleiß* behandelt sowohl Grundlagen des Themengebietes für Anwender:innen, Wissenschaftler:innen und Studierende als auch moderne Trends wie Nachhaltigkeit, tribologische Aspekte der Industrie 4.0 und Herausforderungen durch die Elektromobilität.

Werner Gooss

Turbinenöle im Kraftwerksbetrieb

expert

Bibliografische Information der Deutschen Nationalbibliothek
Die Deutsche Nationalbibliothek verzeichnet diese Publikation in der Deutschen Nationalbibliografie; detaillierte bibliografische Daten sind im Internet über http://dnb.dnb.de abrufbar.

DOI: https://doi.org/10.24053/10.24053/9783816985426

– Ein Unternehmen der Narr Francke Attempto Verlag GmbH + Co. KG
Dischingerweg 5 · D-72070 Tübingen

Internet: www.expertverlag.de
eMail: info@verlag.expert

Druck: Elanders Waiblingen GmbH

ISSN 2701-603X
ISBN 978-3-8169-3542-1 (Print)
ISBN 978-3-8169-8542-6 (ePDF)
ISBN 978-3-8169-0120-4 (ePub)

MIX
Papier | Fördert gute Waldnutzung
FSC® C016368

In Liebe und Dankbarkeit meiner Frau Tatiana
sowie meinen beiden Töchtern Doris und Ingrid Gooss gewidmet.

Inhalt

Herausgeber-Geleitwort

Die Energieerzeugung war, ist und wird ein allgegenwärtiges Thema sein. Im Vergleich zu Weltbevölkerung und globalem Bruttoinlandsprodukt wächst der Energieverbrauch ebenso stark an. Bemerkenswert ist jedoch, dass der weltweite jährliche Bedarf an Schmierstoffen seit einigen Jahrzehnten stagniert. Mein persönliches Fazit dieser Entwicklung ist, dass die Schmierstoffindustrie mit geringerer Menge und durch bessere Produkte die Welt in Bewegung hält.

Der Autor dieses Buches zeigt am Beispiel Turbinenöl die Komplexität einer Schmierstoffentwicklung auf. Grundöle und Additive werden ebenso beschrieben wie die physikalische Charakterisierung der Turbinenöle. Die Alterung im Betrieb wird an vielen Reaktionsmechanismen beschrieben und durch Laborversuche dokumentiert.

Bei der Einreichung des Manuskripts gefiel sofort die intensive Bearbeitung des Themas, welches neben der Vermittlung von Wissen über Schmierstoffkomponenten und deren Wirkung auch als Nachschlagewerk im täglichen Gebrauch dienen kann. Eine ähnliche Publikation ist mir nicht bekannt, da der Inhalt eine Zusammenführung von Prüfnormen, Beschreibungen von Lieferanten, Erfahrungen von Schmierstoffanwendern und Schmierstoffherstellern darstellt. Ferner sind die gezeigten physikalischen Prüfmethoden und die chemischen Mechanismen auf andere Schmierstoffe als Turbinenöle anwendbar.

Die Aktualität ist ebenso gegeben, da Schmierstoffhersteller die Ausführungen benutzen, um weiterhin bessere Schmierstoffe für die „Bewegung“ der Welt zu entwickeln.

Manfred Jungk

Vorwort

Der Autor hat in diesem Buch versucht, einen möglichst komplexen Überblick zum Thema Mineralöle, speziell zur Qualität und zum Einsatz von Turbinenölen, zu geben.

Von besonderer Bedeutung sind dabei die konventionellen Kraftwerke, bei deren Betrieb Turbinenöle eine wichtige Rolle spielen.

Ohne auf Details einzugehen, werden daher die einzelnen Arten der heute verwendeten Kraftwerke, mit Angabe der Wirkungsgrade sowie der Vor- und Nachteile im Betrieb benannt. Die Ausführungen haben rein informativen Charakter und sind zum Verständnis für die folgenden Kapitel hilfreich.

Eine kurze Einführung in die technologischen Verfahren zur Herstellung von Mineralölen, speziell derer, die zur Herstellung von mineralölbasischen Turbinenölen angewandt werden, soll den Leserinnen und Lesern einen Einblick in die Herstellungstechnologien ermöglichen.

Der Schwerpunkt der Ausführungen betrifft die Turbinenöle im Betrieb, deren Qualitätsanforderungen, Prüfverfahren, Bewertungskriterien und speziell die Ölalterung, d. h. das Oxidationsverhalten verschiedener in Mineralölen enthaltenen Kohlenwasserstoffstrukturen.

Der „Alterungsprozess" der Mineralöle unter Angabe einzelner Oxidations-mechanismen und die durch den Oxidationsprozess stattgefundenen Veränderungen im Öl, werden ausführlich dargestellt. Die Reaktionsmechanismen unterschiedlicher Kohlenwasserstoffgruppen, die katalytische Wirkung einzelner Metalle und andere betriebsspezifische Einflussfaktoren, werden eingehend erläutert, da diese zum Verständnis der Ölalterung zwingend notwendig sind.

Ebenso wird eine patentierte, rapide Labormethode zur Oxidation von Mineralölen beschrieben, die es ermöglicht, über eine vergleichsweise geringe Dauer, aussagekräftige Ergebnisse zur Ölalterung zu erhalten.

Die über zahlreiche Laborversuche erarbeiteten Ergebnisse zur Ölalterung haben gezeigt, dass trotz verschärfter Bedingungen, durch entsprechende Korrelationen der Öleigenschaften, wichtige Hinweise zur Überwachung der Turbinenöle im Betrieb, daraus abgeleitet werden können. Die durch Ölalterung bedingten Strukturveränderungen bzw. die dadurch veränderten physikalisch-chemischen Eigenschaften und Bewertungskriterien der oxidierten Turbinenöle sind unverzichtbare Daten zur Festlegung der Grenzwerte im Betrieb.

Ziel ist es, einen konkreten Beitrag zur Festlegung der Grenzwerte und damit zu einer höheren Sicherheit der Turbinenöle im Betrieb zu leisten, Betriebsstörungen oder gar Havarien möglichst zu vermeiden und somit die Wirtschaftlichkeit zu erhöhen.

Zu den „Nebenschauplätzen" vorliegender Arbeit gehören nicht nur allgemeine Informationen zu konventionellen Kraftwerken, sondern auch Möglichkeiten zur Nutzung erneuerbarer Energien, Darstellungen der Stromerzeugung und des Stromverbrauchs in Deutschland über Zeiträume, die mit den EEG-Vereinbarungen einen entsprechenden Wandel aufzeigen, sowie Herstellungsverfahren der Turbinenöle und der dafür genutzten, meist katalytischen Verfahren in den Raffinerien.

Die Angaben zur Bruttostromerzeugung in Deutschland für unterschiedliche Zeitspannen haben nur einen informativen Charakter, da diese eine permanente Veränderung erfahren.

Die Aufzeichnungen zur Energiewende und den damit verbundenen Veränderungen hin zu erneuerbaren Energien sind nicht als allgemein gültige Angaben zu betrachten, sondern eher als konkreter Beweis dafür, dass die Energiewende in Deutschland kein Wunsch, sondern eine mit Zahlen belegbare Realität ist.

Dieses Buch soll eine hilfreiche Quelle für Beschäftigte im Bereich der Mineralölindustrie, zur Aus- und Weiterbildung des Kraftwerkpersonals, aber auch für Studierende der Fachrichtungen Energietechnik, Schmierstoffe und Tribologie sein.

Zur besseren Lesbarkeit wird im Folgenden ausschließlich die maskuline Form verwendet. Alle Aussagen gelten selbstverständlich für Frauen und Männer.

Der Autor hat in diesem Buch eine Reihe an selbst erarbeiteten Ergebnissen sowie auch eine Fülle von bestehenden Erkenntnissen systematisiert, um einen klaren Ein- und Überblick zu der behandelten Thematik zu schaffen. Neben den technisch-wissenschaftlichen Daten wurden auch aktuelle Themen wie Klimaschutz, Umweltbelastung Energiepolitik und Nachhaltigkeit in der Energietechnik über Darstellungen mit rein informativem Charakter aufgezeigt.

Prognosen zu Klimaschutz, Umweltbelastung, Energieerzeugung und Energieverbrauch sind zahlreich, nicht immer einstimmig und werden häufig verändert. Ebenso sind angeführte Quellen nicht immer langlebig und somit, in Einzelfällen, im Internet nicht mehr auffindbar.

SAPERE AUDE (Horaz 20 v. Chr.)

Dingolfing, im November 2022
Werner Gooss

1 Thematische Einführung

Im Zuge der Entwicklung der Elektrizität, vom Blitz als Naturereignis bis zum heutigen Niveau, haben zahlreiche Forscher einen wesentlichen Beitrag zu deren Veränderung geleistet, wobei u a. Benjamin Franklin, Alessandro Volta, André-Marie Ampère, Nikola Tesla und nicht zuletzt Werner von Siemens erwähnt werden müssen.

Seit Anfang des 20. Jahrhunderts wurden auch Dampfturbinen entwickelt, die langfristig als die wichtigsten Stromerzeuger gelten sollten.

Heute stellen die Dampf- und Gasturbinen die Kernkomponenten zahlreicher Kraftwerke dar und leisten einen wesentlichen Beitrag zur Stromerzeugung.

Kraftwerke sind industrietechnische Anlagen die nichtelektrische Energie (thermische, mechanische, solare oder auch atomare) in elektrische Energie umwandeln. Die zur Stromerzeugung verwendeten Energieträger wie fossile Brennstoffe, Sonne, Wind, Wasserkraft und Biomasse bilden die Primärenergie und der daraus erzeugte Strom die Sekundärenergie.

Um die für eine moderne Gesellschaft notwendige Strommenge sicher und wirtschaftlich zu erzeugen, werden hochwertige Turbinenöle in den Kraftwerken eingesetzt.

Turbinenöle sind ein Gemisch aus Kohlenwasserstoffen unterschiedlicher Struktur, können aber auch eine Monostruktur aufweisen, wie im Falle der schwer entflammbaren Turbinenöle, wo Phosphorsäureester zum Einsatz kommen.

Turbinenöle auf Mineralölbasis werden in großen Mengen in Kraftwerken zur Schmierung, Kühlung und in den Regelkreisläufen unter schweren Betriebsbedingungen wie hohen Temperaturen, intensiven mechanischen Belastungen, Wassereinfluss und Verunreinigungen eingesetzt.

Um einen Eindruck von Einsatz und Betriebsbedingungen, welchen die Turbinenöle ausgesetzt sind, zu erhalten, wird in Abbildung 1 ein konventionelles Kraftwerk näher betrachtet.

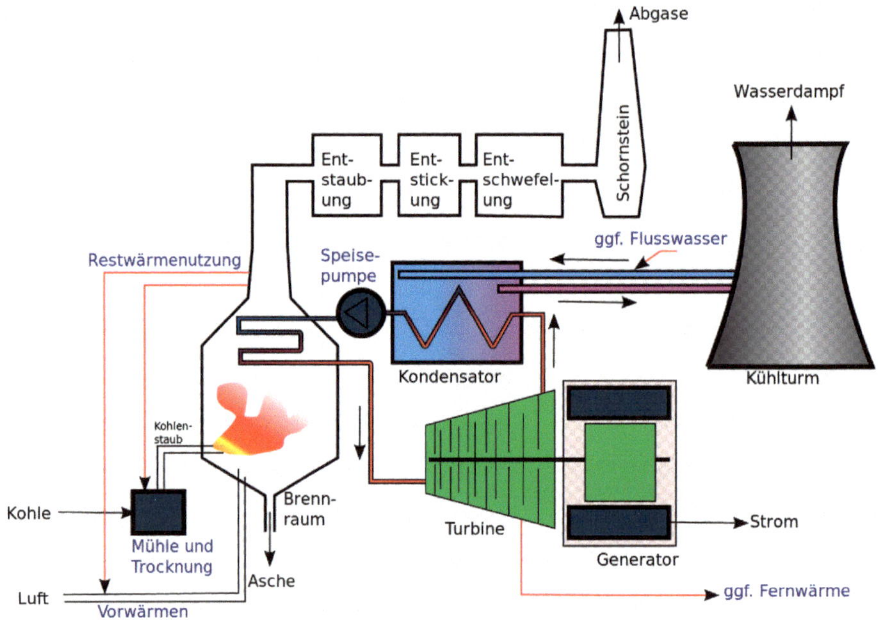

Abb. 1: Konventionelles Kraftwerk

Der Kohlestaub wird durch ein Gebläse in einen Kessel geleitet und befeuert. Die im Wasserrohrkessel entstandene Wärme wandelt das eingespeiste Wasser in Wasserdampf um.

Der Wasserdampf strömt über Rohrleitungen in die Dampfturbine, wo er einen Teil seiner Energie abgibt. Die Strömungsgeschwindigkeit des heißen Dampfes lässt sich durch Düsen erhöhen und trifft auf die Blätter des Turbinenlaufrades, wobei die innere Energie in Bewegungsenergie, d. h. Rotation des Laufrades, umgewandelt wird.

Der vom Heizkessel kommende Dampf durchströmt die Hochdruckturbine, kühlt sich dabei ab und gelangt dann in den Zwischenüberhitzer. Der hier erneut aufgeheizte Dampf gelangt in die Mitteldruckturbine und von hier in den Niederdruckteil der Turbine.

Hat der Dampf die letzte Schaufel der Turbine verlassen, so besitzt er nur noch rund 40 hPa und eine Temperatur von ca. 35°C.

Mit diesen Parametern gelangt der Dampf in den Kondensator, der aus einem Rohrsystem besteht, welches mit zahlreichen Kupferrohren versehen ist, durch die das Kühlwasser gepumpt wird. Der Dampf kondensiert an der Außenseite der Rohre und gibt dabei seine Kondensationswärme an das Kühlsystem ab. Das kondensierte Wasser wird gereinigt und gelangt in einen Wasserbehälter, und wird von hier mit Pumpen in das Rohrleitungssystem des Dampferzeugers zurückgepumpt. Damit ist der Wasserkreislauf geschlossen.

Das erwärmte Kühlwasser, das vom Kondensator kommt, wird in den Kühlturm geführt und nach unten gegen einen aufsteigenden Luftstrom verrieselt. Das Wasser kühlt dabei ab, sammelt sich im Kühlturmbecken und kann erneut in den Kondensatorkreislauf eingespeist werden.

Das in der Turbine über Wasserdampf erzeugte Drehmoment wird über einen angekoppelten Generator zur Stromerzeugung genutzt. Die im Generator induzierte Spannung wird über einen

Transformator in Hochspannung umgewandelt, da die Leistung bei höherer Spannung und geringerer Stromstärke mit geringeren Verlusten im Stromnetz transportiert werden kann.

Die Betriebsbedingungen der heute eingesetzten Dampfturbinen (Temperaturen zwischen 500–600°C hoher Dampfdruck und Umdrehungen zwischen 1500–3000 U/min.) stellen, besonders aufgrund der thermischen Belastung, immer höhere Anforderungen an die Reinheit der Dampfqualität und die Qualität der Turbinenöle. [40, 106, 116, 119, 126, 164]

Heute werden weltweit mit legierten Turbinenölen, die sowohl im Schmierölsystem als auch im Steuersystem funktionieren, Einsatzzeiten zwischen 80.000–100.000 Stunden bei jährlichen Nachfüllmengen von 2–8 %, erreicht. [7, 27, 37, 68, 78, 82, 108, 120, 121]

Ebenso wird die Lebensdauer eines Turbinenöls von der Viskosität, der Menge der Ölfüllung und der Umwälzzahl beeinflusst.

Die Umwälzzahl gibt an, wie oft der gesamte Ölinhalt in einer Stunde das Schmier- und Regelsystem durchläuft. Wichtige Faktoren sind dabei Größe des Ölbehälters und die Gesamtmenge an Turbinenöl im Umlauf.

Die üblichen Umwälzzahlen für Turbinenöle im Kraftwerksbetrieb liegen zwischen 8 und 12. [63, 69]

Eine derartige „Performance“ kann aber nur erreicht werden, wenn einerseits die Herstellungstechnologien der Turbinenöle genau bekannt sind und permanent verbessert werden sowie andererseits eine kompetente Überwachung der Turbinenöle im Betrieb gewährleistet ist. [3, 61, 73, 86, 165, 170]

Generell werden Turbinenanlagen mit Schutzeinrichtungen ausgestattet, die bei Erreichen kritischer Zustände sowohl Turbine als auch Generator sicher abschalten.

Abbildung 2 zeigt ein Schema des Schmierölsystems, in welchem das Turbinenöl sowohl seiner Rolle als Schmiermittel als auch als Kühlungsmittel gerecht werden muss.

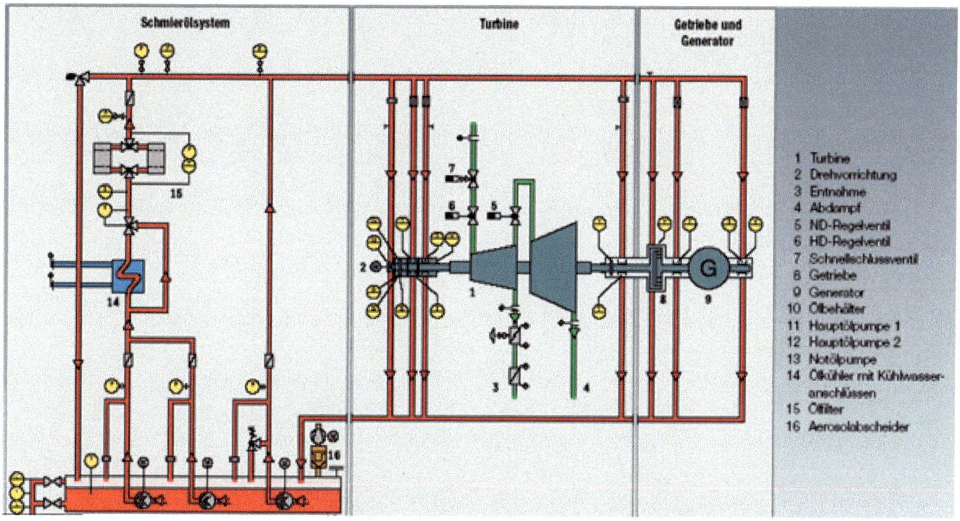

Abb. 2: Schema eines Schmierölsystems (www.unternehmerverband.org (http://www.unternehmerverband.org), 16.5.2023)

Das Schmierölsystem ist eine kompakte Einheit, ausgeführt als Niederdruckölsystem zur Versorgung von Turbine, Getriebe und Generator mit folgenden Hauptkomponenten:

- Ölbehälter
- Einheit mit zwei Hauptölpumpen
- Notölpumpe
- Ölkühler
- Doppelölfilter
- Aerosolabscheider
- Temperaturkontrollventil
- Öldruckventil

Die Hauptölpumpen, angetrieben von einer Getriebewelle, funktionieren sicher bis zu einem Abfall der Nenndrehzahl um ca. 30 %. Bei Ausfall der Ölversorgung schaltet sich über einen Drucküberwacher automatisch die Hilfspumpe zu.

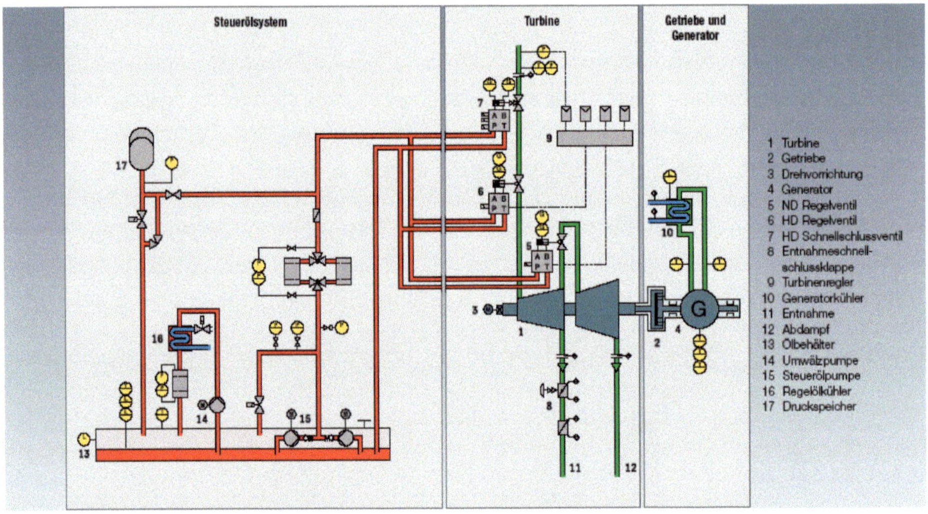

Abb. 3: Turbinenöl im Steuerölsystem (www.unternehmerverband.org (http://www.unternehmerverband.org), 16.5.2023)

Das Steuerölsystem, wie aus Abbildung 3 ersichtlich, ist ebenfalls eine kompakte modulare Einheit mit den Hauptkomponenten:

- Ölbehälter
- Hauptölpumpe
- Druckspeicher
- Doppelölfilter
- Nebenstrompumpe
- Ölkühler
- MSR-Technik (Mess-, Steuer- und Regelanlagen)

Neben den Stellventilen versorgt das System auch das Frischdampf-Schnellschlussventil, die Entnahme-Schnellschlussklappen und ggf. Regelarmaturen in der Anzapfung mit einem Systemöldruck von 160 bar.

In der zentralen Überwachung werden alle relevanten Messdaten visualisiert und verarbeitet.

Es werden Temperaturen, Feuchtigkeitswerte, Mengenwerte und lufttechnische Daten erfasst. Alle Daten werden kontinuierlich protokolliert und entsprechende Kamerabilder angezeigt und im Prozessrechner verarbeitet und zur Steuerung der Gesamtanlage genutzt.

Bei Überschreitung von sicherheitstechnischen Grenzwerten werden automatisch Gegenmaßnahmen eingeleitet.

Besonders in dem Regelsystemkreislauf muss das Turbinenöl frei von Verunreinigungen jeder Art sein, da diese zu erheblichen Störungen, bis zur Abschaltung der Turbine, führen können. [62, 70]

Zweck dieser Abhandlung ist nicht, auf Details wie Energieumwandlungen in Kraftwerken, Einzelheiten der Schmierungs- und Reglersysteme einzugehen, sondern eine besondere Aufmerksamkeit gilt den legierten Turbinenölen, deren Herstellung und ganz besonders deren Veränderung während der Einsatzbedingungen im Betrieb.

Wichtig sind die Ölalterung bzw. das Aufzeigen der Möglichkeiten zu deren Verhinderung bzw. Verzögerung, die genaue Kenntnis der Bewertungskriterien zur Qualität legierter Turbinenöle, Korrelationen einzelner Bewertungskriterien, Strukturänderungen der Mineralöle durch die Alterungsprozesse und nicht zuletzt die Erstellung von Grenzwerten einzelner Bewertungskriterien legierter Turbinenöle im Betrieb, die einen sicheren Einsatz der Öle und damit der Funktion der Dampfturbinen gewährleisten.

Das Leistungsvermögen eines Turbinenöls wird hauptsächlich von der Ölqualität, aber auch wesentlich von der Sauberkeit des Turbinenölsystems beeinflusst. [7, 22, 81, 107, 118]

Um eine lange Einsatzzeit einer Ölfüllung im Betrieb zu erreichen ist, neben einer dauerhaften Sauberkeit des Turbinensystems, auch die Sauberkeit des Ölsystems bei Erstinbetriebnahme oder beim Wechsel des gealterten Turbinen-öls mit einer Neuölfüllung entscheidend. Dies wird durch ein fachgerechtes Spülen des Systems sichergestellt:

- Fertigungs- und Montagerückstände lassen sich vor Erstbefüllung durch eine Spülung mit erhöhter Durchflussgeschwindigkeit entfernen.
- Bei Nachfüllungen wird ein Kompatibilitätstest empfohlen, um die benötigte Ölqualität zu sichern.
- Bei Turbinenölsystemen, in denen lackartige Ablagerungen aufgetreten sind, wird dem Spülöl ein Systemreiniger zugesetzt, um die Ablagerungen zu beseitigen.

Wichtige Informationen zur Spülung von Turbinenölsystemen sind im Dokument ASTM D6439, „Standard Guide for Cleaning, Flushing, and Purification of Steam, Gas and Hydroelectric Turbine Lubrication Systems", beschrieben. [7]

Die nachfolgenden Kapitel gewähren einen Einblick in die technologischen Herstellungsmöglichkeiten der Turbinenöle, deren physikalisch-chemische Eigenschaften und Bewertungskriterien.

Besondere Aufmerksamkeit gilt der Oxidation der Öle und ihrer Verzögerung.

2 Turbinenöle

2.1 Herstellungsverfahren der Mineralöle

Turbinenöle werden aus Erdöl in Raffinerien mittels moderner Technologien hergestellt.

Erdöl, ein Rohstoff, der abhängig von den zahlreichen Ölfeldern der Erde, bezüglich Farbe und Konsistenz sehr unterschiedlich ist, besteht fast ausschließlich, aus Kohlenwasserstoffen mit verschiedensten Strukturen.

Die in den Raffinerien hergestellten Grundöle werden, abhängig von den Anforderungen der Einsatzgebiete, mit hochwertigen Additiven zu Endprodukten besonderer Qualität legiert.

Raffinerien sind technische Anlagen, in welchen das eingehende Primärprodukt Erdöl über komplexe chemisch-physikalische Verfahren in verschiedene Produkte wie Rohbenzin, Otto- und Dieselkraftstoffe, Heizöle und Heizölkomponenten umgewandelt wird.

Ebenso werden auch eine Reihe von Nebenprodukten wie Flüssiggas, Flugturbinenkraftstoffe, Spezialbenzine, Bitumen katalytischen Prozessen unterzogen, welche zu Zwischen- oder Endprodukten in petrochemischen Anlagen führen.

Neben verschiedenartigen Kohlenwasserstoffen befinden sich im Erdöl auch geringe Mengen an Schwefel, Stickstoff und Sauerstoff, in Form chemischer Bindung sind auch Spuren von Vanadium und Nickel enthalten.

Erdöle haben, abhängig von den Lagerstätten, unterschiedliche Qualitäts-merkmale, was dazu führt, dass leichte Rohöle relativ hohe Benzinanteile und schwere Rohöle einen höheren Heizölanteil ergeben.

In einer Raffinerie finden wir eine Vielfalt von Anlagen:

- Feuerungsanlagen
- Trennverfahren
- atmosphärische und Vakuumdestillation
- Gastrennung
- thermische und katalytische Crackanlagen
- Hydrocracken
- Reforming
- Isomerisierungsanlagen
- Raffinationsanlagen
- Extraktion
- Hydrodesulfurierung
- Schmierstoffraffination

All diese Haupt- oder Teilanlagen stellen komplexe und komplizierte chemische, physikalische und katalytische Prozesse dar. Für unsere Thematik sind die zur Herstellung der Mineralöle relevanten Prozesse wichtig, die anschließend, ohne auf technologische Details einzugehen informativ behandelt werden.

Abbildung 4 zeigt uns ein vereinfachtes Schema der technologischen Prozesse einer Raffinerie:

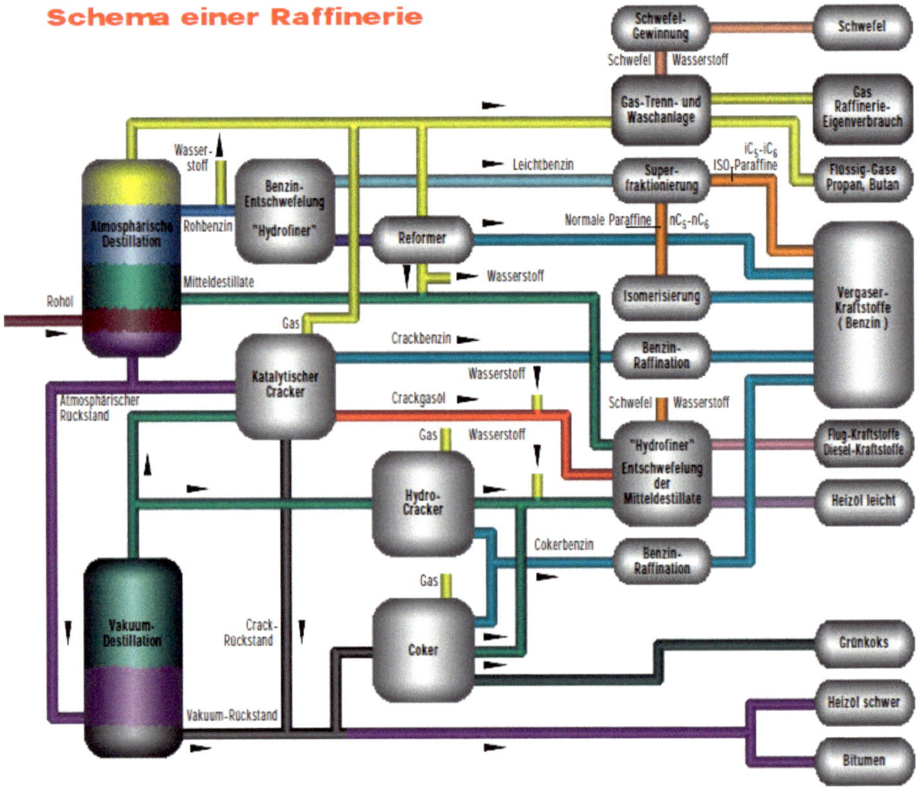

Abb. 4: Schema einer Raffinerie (www.eberhart.ch, 16.05.2023)

Mineralöle können, abhängig von der Molekularstruktur, in paraffinbasisch naphthenbasisch und aromatisch unterteilt werden, wie in Tabelle 1 erkennbar.

Struktur	Hauptanteil	Merkmale
Paraffinbasisch, geradlinige oder verzweigte Ketten	mehr als 75% Paraffine	Dichte < 900 kg/m^3 Viskositätsindex 93 - 105
Naphtenbasisch	mehr als 70% Naphtene	Dichte 900 - 940 kg/m^3 Viskositätsindex 30 -80
Aromatisch	mehr als 50% Aromaten	Dichte > 940 kg/m^3 / Viskositätsindex 0 -40

Tabelle 1: Unterschiedliche Mineralöl-Raffinate (www.fiestaforum.de, 16.5.2023)

Eigenschaft	Paraffinbasisch	Naphtenbasisch	Aromatisch
Dichte	niedrig	mittel	hoch
Viskositäts-Temperatur-Verhalten	gut	mittel	mässig
Kälteverhalten	mässig	sehr gut	gut
Verdampfungsverhalten	gut	mittel	mässig
Flammpunkt	hoch	mittel	niedrig
Verkokungsneigung	mittel	gering	hoch
Oxidationsstabilität	gut	mittel	mässig
Thermische Stabilität	mittel	gut	sehr gut
Elastomerverträglichkeit	gut	gut	mässig
Toxizität	gering	mittel	mässig
Additiv-Löslichkeit	mittel	gut	gut

Tabelle 2: Eigenschaften von Mineralöl-Raffinaten (www.fiestaforum.de, 16.5.2023)

Mineralöle stellen in der Regel ein Gemisch aus aromatischen, naphthenischen und paraffinischen Kohlenwasserstoffen mit unterschiedlichem Molekulargewicht dar. Das Verhältnis, unter welchem die einzelnen Kohlenwasserstoffklassen in das Endprodukt eingehen, hängt sehr von dem Ursprung des Rohöles sowie von den Herstellungsverfahren ab. Bei der Vielzahl der möglichen Isomere, die allein schon bei den höheren Alkanen in die Tausende gehen, ist eine genaue Kenntnis der Zusammensetzung des Erdöls, trotz intensiver Forschung, wohl nie ganz möglich. Ähnlich schwierig ist es bei der Zusammensetzung der daraus hergestellten Mineralöle. [1, 16, 17, 19, 23, 24, 25, 121, 123, 125, 132]

In einer Reihe von Studien hat HRAPIA [84] folgende Komponenten in Mineralölen nachweisen können:

- Mineralölkohlenwasserstoffe bestehend aus n-Alkanen, i-Alkanen, Cyklo-Alkanen, Aromaten, Alkylaromaten mit langer und verzweigter Seitenkette sind unwesentliche Komponenten nichtparaffinischer Öle und nach einer Entparaffinierung nur noch als eine Verunreinigung vorhanden.
- Cyklopentane, Cyklohexane üblicherweise mit einer langen Alkylkette oder mit mehreren kurzen Seitenketten versehen. Ebenso können auch mehrere Zyklen existieren.
- Monoaromaten und polykondensierte Aromaten.
- Alkylaromaten mit mehreren Cykle (bis zu 6), die ebenfalls mit einer langen alkylischen Seitenkette versehen sind.
- Olefine, die jedoch wegen ihrer geringen Konzentration bei Neuölen nicht berücksichtigt werden.
- Schwefelverbindungen wie z. B. Thiophene, Benzothiophene bzw. deren Homologe und Analoge.
- Stickstoffverbindungen, die nur sehr schwer entfernt werden können.

In den raffinierten Ölen existieren meistens geringe Mengen an stark basischem Pyridin (C_5H_5N) und Chinolin (C_9H_7N). [93]

Ebenso wurden geringe Mengen an schwachbasischen Komponenten sowie nichtbasische Anteile von pyralischen Cyclen nachgewiesen, welche über den normalen Raffinationsvorgang nur teilweise entfernt werden können. Es gibt in den Raffinationsprodukten, in geringen Mengen, auch Sauerstoff-, Schwefel- und Stickstoffverbindungen, die eine semikondensierte Struktur aufweisen. Über metallorganische Verbindungen gibt es kaum Erkenntnisse, da derartige Verbindungen nur im Spurenbereich nachweisbar sind.

2.2 Herstellung legierter Turbinenöle

Um einen Ein- und Überblick über die Komplexität der Herstellungstechnologie legierter Turbinenöle zu ermöglichen, sind in Abbildung 5 die einzelnen technologischen Schritte dargestellt:

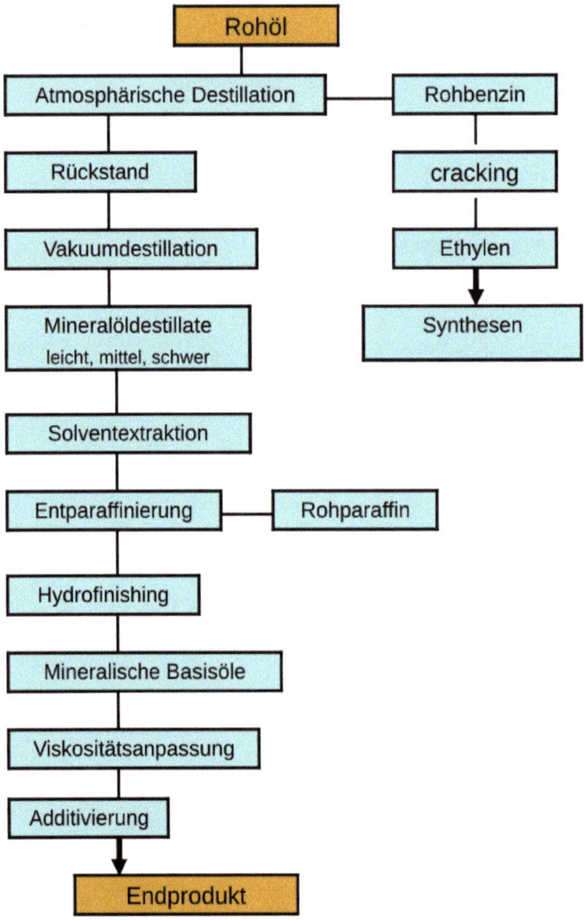

Abb. 5: Technologische Rohölverarbeitung (www.lm-energy.at, 16.5.2023)

Die folgenden Ausführungen gelten den technologischen Abläufen, die zu der Produktion von Mineralölen notwendig sind.

Der über die atmosphärische Destillation des Rohöls erhaltene Rückstand führt nach Durchlauf einzelner technologischer Verarbeitungsverfahren wie Vakuumdestillation, Solventextraktion, Entparaffinierung und Hydrofinishing zu einem Mineralöl, welches durch entsprechende Additivierung ein dem Einsatzbereich entsprechendes Qualitätsprodukt/Endprodukt ergibt.

Die aus der atmosphärischen Destillation erhaltenen Rohbenzine werden gespalten (cracking) und das erhaltene Ethylen kann über entsprechende Syntheseprozesse entweder zu Polyalphaolefinen (PAO) oder Di- bzw. Polyester führen.

Um über ein bestimmtes Mischungsverhältnis der Kohlenwasserstoffe die gewünschte Endqualität zu erhalten, müssen die einzelnen technologischen Verfahren genau bekannt und sicher sein.

Durch die Eliminierung von Aromaten, u. a. über das Solventationsverfahren, und die Eliminierung anderer, unerwünschter Komponenten wird eine Verbesserung des Viskositätsindex, der Farbe, der Oxidationsstabilität und der Suszeptibilität zur Additivierung erreicht.

Besonders wichtig ist dabei die Eliminierung der Aromaten mit kurzen substituierten Seitenketten, da diese Verbindungen sich durch eine schlechte Oxidationsstabilität und große, temperaturabhängige Viskositätsschwankungen auszeichnen. [129, S. 96]

2.2.1 Rohöldestillation

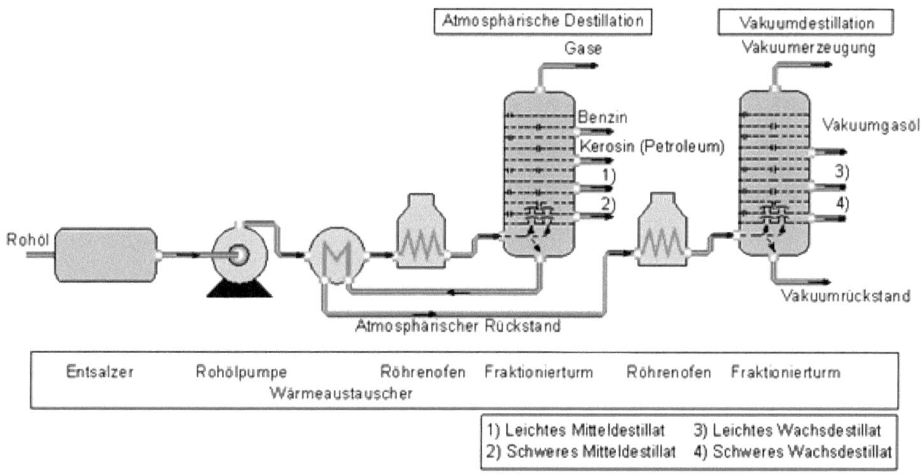

Abb. 6: Rohöl-Destillationsanlage (www.chemgapedia.de, 16.5.2023)

In dieser Anlage findet die Fraktionierung statt. Die im Erdöl enthaltenen Kohlenwasserstoffe zeigen; je nach Molekülgröße bzw. Molekulargewicht ein unterschiedliches Siedeverhalten. Die Auftrennung in einzelne Produktgruppen mit genau definierten Siedebereichen, erfolgt über zahlreiche Dampf-Flüssigkeitsgleichgewichte der in einer Destillationsanlage existierenden Trennungsböden. Je schwerer die Moleküle sind, umso schneller verflüssigen sie sich wieder und treten mit den aufsteigenden Dämpfen, nach intensiver Vermischung in ein Gleichgewicht, bei welchem die schwereren Teile zurückgehalten werden und die leichteren verdampfen und in der Kolonne aufsteigen.

Die hierdurch aus den Destillationskolonnen gewonnen Fraktionen sind:

- Benzin
- Petroleum
- leichtes Mitteldestillat
- schweres Mitteldestillat

Der atmosphärische Rückstand, mit Siedetemperaturen über 300°C, kann unter den gegebenen technologischen Bedingungen nicht mehr verflüssigt werden und wird über Röhrenöfen erhitzt und der Vakuumdestillation zugeführt. Unter vermindertem Druck (etwa 50 mbar) wird der Rückstand verdampft und führt über Dampf-Flüssigkeitsgleichgewichte zu einzelnen Fraktionen bzw. leichteren und schweren Destillaten.

2.2.2 Selektive Solventation

Ohne auf die theoretischen Details der einzelnen Verfahrensschritte einzugehen, wie z. B. Selektivität der Lösungsmittel, Phasendiagramme und Festlegung der Anzahl der Extraktionsstufen, Extraktionstemperatur u. a., ist es trotzdem für das allgemeine Verständnis der Ölherstellung unerlässlich einige wichtige Daten anzuführen.

Die üblichsten selektiven Lösungsmittel, die in technologischen Extraktionsverfahren zum Einsatz kommen, sind Furfural, Phenol, flüssiges SO_2, N-Methyl-2-Pyrollidon u.a.

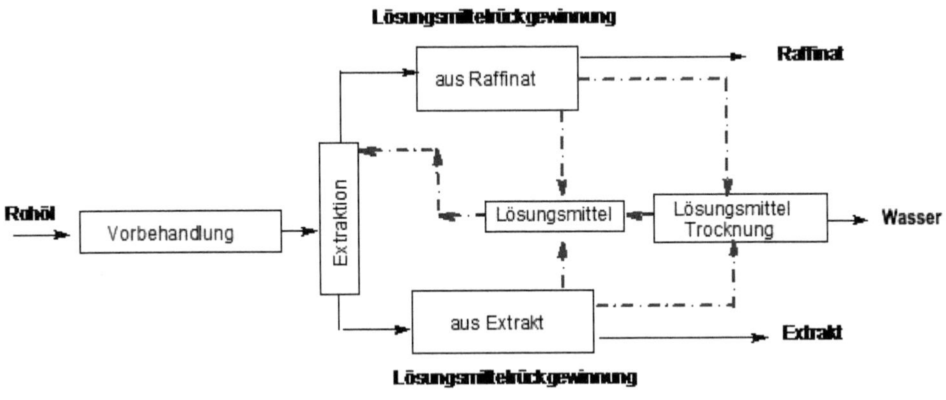

Abb. 7: Selektive Solventation [129, S. 161]

Der technologische Ablauf einer selektiven Solventation in einer einzigen Stufe ist schematisch in Abbildung 7 wiedergegeben. Die Extraktionsprozesse basieren auf der unterschiedlichen Verteilung der Kohlenwasserstoffe zwischen zwei unmischbaren Flüssigphasen, eine Phase reich an Lösungsmitteln, in welchen sich die aromatischen Kohlenwasserstoffe akkumulieren (**Extrakt**) und die andere Phase, arm an Lösungsmittel in welcher sich der Großteil der gesättigten Kohlenwasserstoffe befindet (**Raffinat**). Als Lösungsmittel wurden zahlreiche organische Verbindungen eingesetzt, die in zwei Kategorien gegliedert werden:

- Extraktive Lösungsmittel, welche die unerwünschten Komponenten lösen
- Niederschlagbildende Lösungsmittel, die die entsprechenden Komponenten aus der Lösung fällen. Als typisch extraktives Lösungsmittel, welches die aromatischen Kohlenwasserstoffe selektiv entfernt, ist Furfural zu nennen, wogegen Propan zur Fällung der Asphaltene und Harze eingesetzt wird.

Die industriell eingesetzten Lösungsmittel zeichnen sich meist durch eine sehr gute Fluidität aus, was einen guten Kontakt zum Rohmaterial ermöglicht. Wichtig ist auch, dass die Lösungsmittel eine sehr unterschiedliche Dichte zum behandelten Rohstoff haben, da dadurch eine sehr schnelle Trennung, über den Gravitationseffekt, gewährleistet ist und somit das Volumen der entsprechenden Anlage auf akzeptable Dimensionen reduziert werden kann. Ebenso weisen die industriell eingesetzten Lösungsmittel eine gute thermische und chemische Stabilität auf, wodurch Lösungsmittelverluste, Korrosion und unerwünschte Ablagerungen in den Anlagen vermieden werden.

Furfural und Phenol sind Lösungsmittel die am häufigsten, in den Extraktionsanlagen, zur Herstellung von Ölen verwendet werden. Furfural hat gegenüber anderen Lösungsmitteln einige Vorteile wie [129, S. 202]

1. große Dichte und Oberflächenspannung, was eine rapide Phasentrennung ermöglicht
2. relativ geringer Siedepunkt, was die Rückgewinnung aus dem Öl erleichtert
3. niedriger Stockpunkt, was eine einfache Beförderung ermöglicht und gleichzeitig eine Extraktion, praktisch bei jeder Temperatur, ermöglicht
4. benötigt keine Zugabe von Wasser in den Extrakt, um die Löslichkeit einiger Kohlenwasserstoffe zu reduzieren

Furfural zeigt schon bei niedrigen Temperaturen (circa 50°C) eine gute Selektivität für aromatenhaltige Öle und führt zu einem Extrakt mit hoher Dichte. Zusätzlich kann man, bei entsprechender Nutzung eines Temperaturgradienten, und bei höherer Temperatur beim Austritt des Raffinats, hohe Wirkungsgrade und ein Öl mit hohem Viskositätsindex erzielen.

Furfural hat ein relativ geringes Lösungsvermögen, was dazu beiträgt, dass die Extraktion bei etwas höheren Temperaturen durchgeführt werden muss, im Vergleich zu anderen Lösungsmitteln, was andererseits den Massentransfer und die Phasentrennung begünstigt.

Furfural als extrem sensibles Lösungsmittel ermöglicht die Verarbeitung sowohl von paraffinfreien Fraktionen als auch sehr paraffinreicher Rohöle. Das Furfural wird zusammen mit dem Extrakt in die Anlage zur Rückgewinnung der Lösungsmittel geleitet, während das Raffinat entparaffiniert wird.

Wegen der rasanten Entwicklung technologischer Verarbeitungsverfahren des Erdöls, wird das Solventationsverfahren mit Furfural heute kaum noch angewandt; es eignet sich aber immer noch besonders gut zur Herstellung hochwertiger Brighstocks aus Vakuumdestillaten.

2.2.3 Entparaffinierung

Unter Paraffin versteht man üblicherweise ein festes Produkt mit einem Schmelzpunkt von 50–55°C und im Allgemeinen alle Kohlenwasserstoffe, die sich bei Normaltemperatur im festen Zustand befinden oder diejenigen, die bei Abkühlung des Rohöles oder von verschiedenen Fraktionen ausfallen.

Somit ist die Solubilität (Löslichkeit) der Paraffine in der Ölfraktion, bei verschiedenen Temperaturen, für die Entparaffinierungsprozesse, extrem wichtig. Die Solubilität der Paraffine hängt von der Dimension der festen Partikel ab, je kleiner die Partikeldimension, um so größer die Solubilität. Paraffinkristalle beginnen schon bei einer Größe von 0,001 mm aus der Lösung zu treten. Es ist außerdem sehr wichtig die Kinetik der Kristallisationsprozesse, die Bildung der Kristallisationskeime sowie das Kristallwachstum bzw. die Faktoren, die diese Prozesse beeinflussen, genauestens zu kennen. [129, S. 230] Der technologische Ablauf eines Entparaffinierungsprozesses kann in Abb. 10 verfolgt werden.

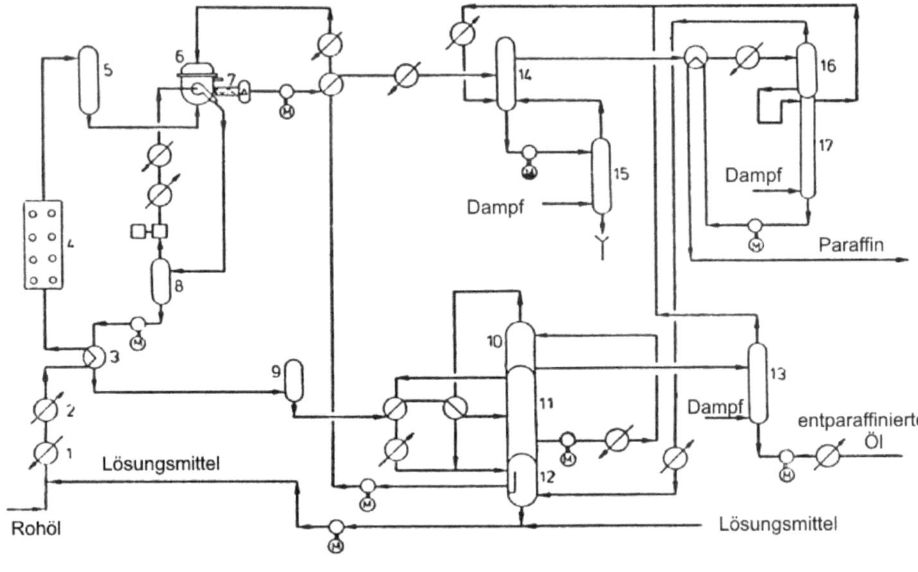

Abb. 8: Schema einer Entparaffinierungsanlage [129, S. 259]

Komponenten: 1: Wärmetauscher (Erwärmung), 2: Wärmetauscher (Kühlung), 3: Wärmetauscher mit kaltem Filtrat, 4: Kristallisator, 5: Behälter zur Beladung des Filters, 6: Rotationsfilter, 7: Elikoidaltransporter, 8: Behälter unter Vakuum für Filtrat, 9: Filtrat-Zwischenbehälter, 10: Hochdruck-Filtratverdampfer, 11: Niedrigdruckverdampfer, 12: Sammelbehälter für Lösungsmittel, 13: Stripper für entparaffiniertes Öl, 14: Behälter für Paraffinlösung und Wasserdekantierung, 15: Kolonne zur Lösungsmittelrückgewinnung, 16: Lösungsmittelverdampfer für Paraffin, 17: Paraffin-Stripper

Zweck der Entparaffinierung ist es paraffinische Komponenten aus dem Öl zu entfernen, um eine Verbesserung der Fließfähigkeit bei niedrigen Temperaturen zu erreichen. Paraffine haben im Vergleich zu den anderen im Öl enthaltenen Kohlenwasserstoffen, recht unterschiedliche Eigenschaften. Bei gleichem Siedebereich sind Dichte und Viskosität des Paraffins vergleichsweise geringer, der Viskositätsindex höher und die Kokszahl des Paraffins praktisch null. Somit erreicht man am Ende des Entparaffinierungsprozesses ein Produkt, bei welchem Dichte, Viskosität und Kokszahl ansteigen bei gleichzeitiger Verminderung des Viskositätsindexes.

Dieser technologische Teilschritt wird mit Hilfe eines Lösungsmittelgemisches aus Benzol und Aceton gesichert. Besonders wichtig ist dabei den Entparaffinierungsprozess gezielt zu steuern, da eine zu intensive Entparaffinierung sowohl den Viskositätsindex verschlechtern als auch die Oxidationsstabilität verringern würde. Das entparaffinierte Rohöl wird anschließend der Raffinationsanlage zugeführt.

2.2.4 Säureraffination und Neutralisation

Es werden kurz die konventionellen Methoden beschrieben, speziell die Säureraffination mit Schwefelsäure und anschließende Behandlung mit Bleicherde. Diese technologischen Schritte weisen viele Nachteile auf (relativ große Verluste, Abfälle, die praktisch nicht wiederaufbereitet werden, Umweltbelastung etc.) und deswegen kommen diese Methoden heute kaum mehr zum Einsatz. Die Zukunft gehört mit Sicherheit den katalytischen Prozessen wie z. B. katalytische Wasserstoffbehandlung. Abbildung 9 zeigt das technologische Schema einer Anlage zur kontinuierlichen Säureraffination. Es ist nicht die Absicht des Autors auf die technologischen Details einzugehen, jedoch sicherlich auf die Wichtigkeit der technologischen Verarbeitung der Rohöle, hinsichtlich der Qualität der Endprodukte, hinzuweisen.

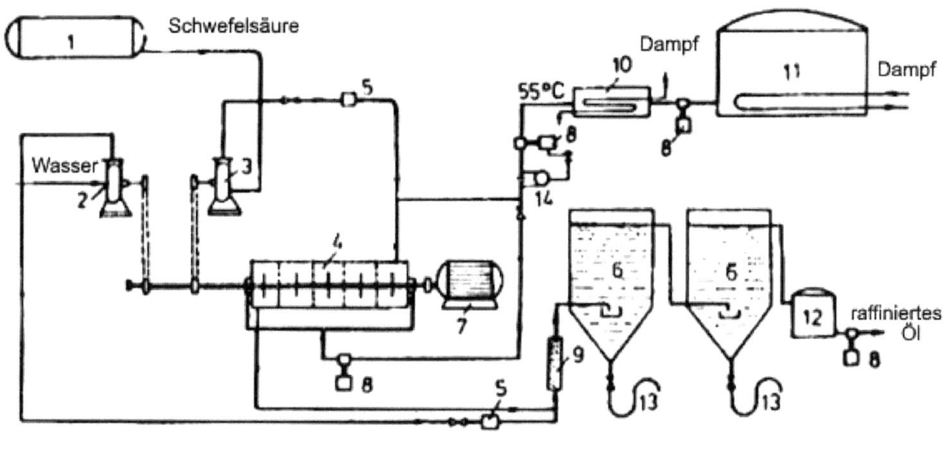

Abb. 9: Anlage zur kontinuierlichen Öl-Raffination [129, S. 287]

Komponenten: 1: Schwefelsäure-Behälter, 2: Wasser-Pumpe, 3: Säure-Pumpe, 4: Misch-Vorrichtung, 5: Rotameter, 6: Dekantierungsgefäß, 7: Elektromotor, 8: Pumpen, 9: Vorrichtung zur Wasserkontaktierung, 10: Erhitzer, 11: Rohöl-Behälter, 12: Zwischenbehälter, 13: Teer-Ablass, 14: Durchflussregler

Konzentrierte Schwefelsäure hat auf die Ölfraktionen eine recht komplizierte Wirkung, die von der Natur und Konzentration der verschiedenen chemischen Komponenten abhängt. Zusätzlich bewirkt die Schwefelsäure einen physischen Lösungsvorgang sowie eine Koagulation und sogar Emulsion.

Die Reaktivität der Schwefelsäure fällt, in Bezug auf die Ölkomponenten, in folgender Reihenfolge: basische Stickstoffkomponenten, Harze und Asphaltene, ungesättigte Kohlenwasserstoffe, aromatische Kohlenwasserstoffe, Naphthen-säuren. [129, S. 280]

Während des Raffinationsprozesses bildet sich unter Lufteinfluss Schwefeldioxid. Konzentrierte Schwefelsäure reagiert, bei Raumtemperatur, praktisch überhaupt nicht mit paraffinischen und naphthenischen Kohlenwasserstoffen. Rauchende Schwefelsäure (Fumans) reagiert bei hohen Temperaturen mit Paraffinen unter Bildung von Sulfonsäuren. Isoparaffine reagieren mit Oleum schon bei Raumtemperatur. Ungesättigte Kohlenwasserstoffe bilden mit Schwefelsäure schwefelhaltige Ether und Polymerisationsprodukte.

Bei Normalraffination entstehen stark saure; unlösliche Ether, die in Teere umgewandelt werden. Durch Kondensation mit aromatischen Kohlenwasser-stoffen bilden die sauren Ether im Raffinat lösliche Produkte. Anteilmäßig sind sie gering, da die Öle wenig ungesättigte Komponenten enthalten. Bei Kontakt mit Wasser zersetzen sich die sauren Ether unter Bildung entsprechender Alkohole und Schwefelsäure. Die unter dem Einfluss der Schwefelsäure gebildeten Polymerisationsprodukte sind in den Teeren löslich und werden mit diesen ausgeschieden. Es ist bekannt, dass jedoch einige Polymerisationsprodukte sich auch im Raffinat lösen.

Die Schwefelsäure löst ebenso einen Teil der Harze, ein anderer Teil wird in Asphaltene umgewandelt und ein Teil kann auch Sulfonsäuren generieren. Die Säureraffination wird in zwei Stufen mit Schwefelsäure realisiert. Die anschließende Neutralisation verläuft ebenfalls in zwei Stufen mit Natriumcarbonat und Bleicherde.Einen Einblick in eine derartige Anlage gibt uns Abbildung 10:

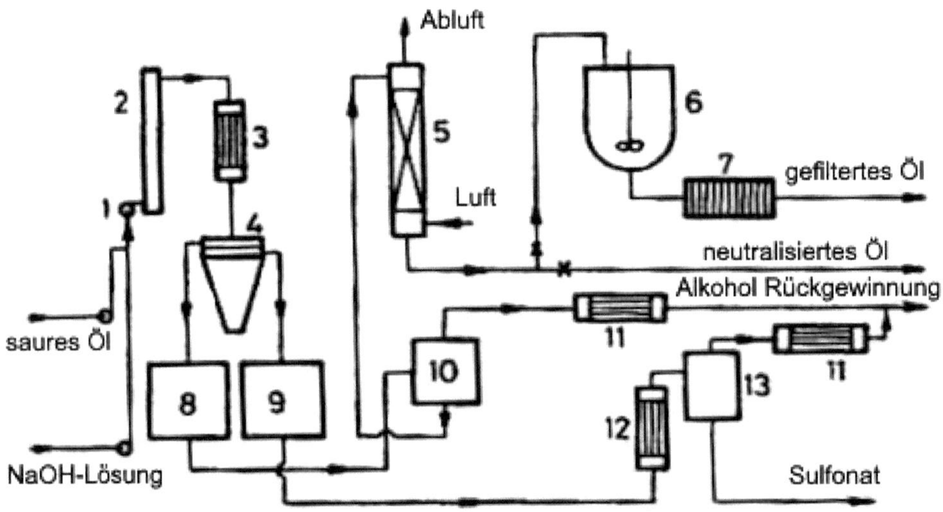

Abb. 10: Anlage für Raffination, Neutralisation und Bleicherde-Behandlung [129, S. 295]

Komponenten: 1: Kontakter, 2: Vermischungsvorrichtung, 3: Erhitzer, 4: Zentrifuge, 5: Alkohol-Stripper, 6: Bleicherde-Rührer, 7: Filter, 8: Behälter für neutralisiertes Öl, 9: Behälter für verbrauchtes NaOH, 10: Vakuumverdampfer für Alkohol, 11: Kondensator, 12: Erhitzer, 13: Separator

Die Emulsionsbildung zeigt einen großen Nachteil bei der Neutralisierung der Öle mit einer Natriumhydroxidlösung. Deswegen wird immer häufiger die Neutralisation trocken, mit Natriumcarbonat oder sogar Ammoniak sichergestellt. In dem technologischen Ablaufschema aus Abbildung 16 geschieht die Neutralisation mit alkoholwässrigen Natriumhydroxidlösungen, um einerseits die Emulgierung zu verhindern und andererseits die Extraktion der gebildeten Sulfonsäuren zu erleichtern.

2.2.5 Behandlung mit Bleicherde (Perkolation)

Dieser Bearbeitungsschritt folgt der Säureraffination und Neutralisation, kann aber auch nach Extraktion oder gar bei Rohölen angewendet werden; mit dem Ziel einen bestimmten Bleichungseffekt zu erreichen. Dabei wird die Höhe des Filtriermediums und der Druck der Perkolationszeit dem gewünschten Bleichungseffekt, angepasst. Der Bleichungseffekt ist umso größer, je höher die Perkolationskolonne, je kleiner die Granulate des Bleichmediums und umso niedriger die Temperatur des Prozesses sind.

Es werden Bleicherde-Granulate entsprechend den Sieben mit einer Weite von 0,25–0,59 mm eingesetzt. Feinere Granulate, obwohl sie einen besseren Bleichungseffekt aufweisen, benötigen jedoch zu große Drucke und reduzieren das Ölvolumen erheblich. Die üblichen Filtrationstemperaturen bewegen sich zwischen 20–100°C, abhängig von der Ölviskosität, bei einer üblichen Höhe der Kontaktkolonnen von 5 m. [129, S. 296] Einen Überblick zu einer Perkolationsanlage gibt uns Abbildung 11:

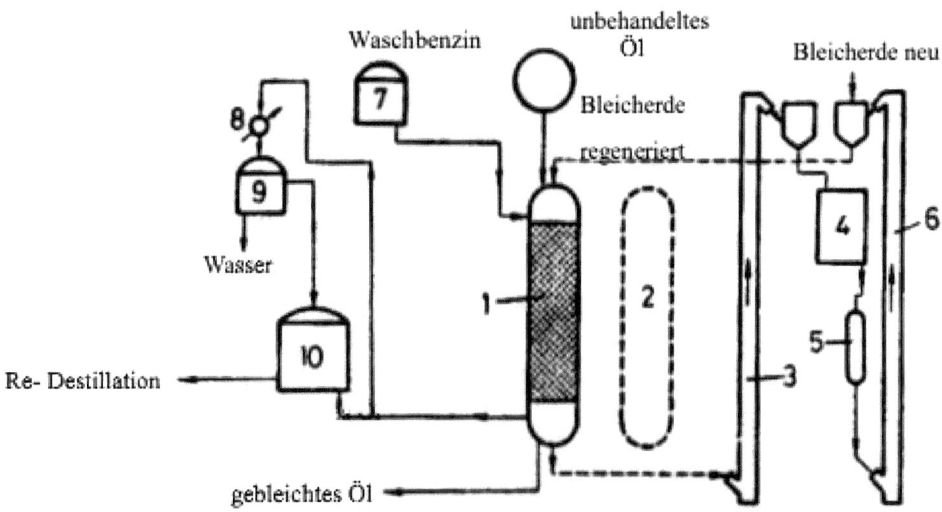

Abb. 11: Perkolationsverfahren zur Behandlung der Öle [129, S. 297]

Komponenten: 1: Perkolationskolonne, 2: Reservekolonne, 3 und 6: Elevatoren für Gebrauchterde, 4: Ofen zur Regenerierung, 5: Kühlvorrichtung, 7: Behälter für Waschbenzin, 8: Kondensator, 9: Wasserabscheider, 10: Behälter für Gebrauchtbenzin

Nach Auffüllung der Perkolationskolonne mit dem Adsorbant, wird das Öl mit einem Druck von 0,3–0,4 bar aufgefüllt und danach 12–14 h im Filter belassen. Danach wird der Druck auf mindestens 1 bar angehoben, um das Öl über das adsorbierende Medium zu drücken. Anschließend wird das Öl mit Hilfe von Druckluft aus der Perkolationskolonne entfernt. Im nächsten Schritt wird die Bleicherde mit aromatenfreiem Testbenzin (Destillationsintervall 85–195°C) gereinigt und das Testbenzin mit Wasserdampf beseitigt. Nach mehrmaligem Einsatz wird das Testbenzin redestilliert.

2.2.6 Dekantieren und Additivierung

Nach entsprechender Dekantierung, über welche die Verunreinigungen aus dem Öl entfernt werden, erfolgt die Additivierung des so erhaltenen Grundöles. Es ist leicht ersichtlich welch besondere Rolle die technologischen Schritte bei der Herstellung legierter Turbinenöle spielen. Die Qualität der so hergestellten Öle ist ganz besonders von dem Herstellungsprozess, einschließlich Additivierung abhängig. Die Endqualität der Öle wird, je nach ihrem Einsatzgebiet, über sehr unterschiedliche Bewertungskriterien geprüft.

Wichtig ist dabei, die Qualität der Öle im Betrieb über einen möglichst langen Zeitraum zu erhalten und damit einen sicheren und zuverlässigen Einsatz zu gewährleisten

Um hochwertige Turbinenöle zu erhalten, werden den ausgewählten Grundölen mehrere Additive zugesetzt, wie z. B.:

- Oxidationsinhibitoren
- Korrosionsschutzadditive
- Verschleißschutzadditive

Diese komplexen Anforderungen zur Additivierung wurden zunächst über ZDTP (Zinkdialkyldithiophosphat) erfüllt. [26, 30, 38, 83, 146]

Wegen unzureichender Temperatur-und Hydrolysestabilität des Öles kommt ZDTP nicht mehr zum Einsatz da es, über Ablagerungen, überhöhte Schaumbildung und Korrosion, im Betrieb der Turbinen zu erheblichen Störungen geführt hat.

2.2.7. Hydrodesulfurierung (Hydrofinishing)

Wie aus Abb.18 erkennbar, wird das flüssige Einsatzprodukt vorgewärmt und mit Wasserstoff vermischt. Anschließend wird das Einsatzprodukt, in einem Ofen, auf die notwendige Reaktionstemperatur von ca. 320–360°C gebracht und in den Reaktor überführt. Hier werden unter Einsatzdrücken zwischen 20 und 80 bar im Beisein eines Katalysators (Nickel-Molybdän oder Kobalt-Molybdän) die Schwefelteile abgetrennt bzw. durch Wasserstoff ersetzt. Die am Katalysator ablaufende Hydrierungsreaktion führt schließlich zu H_2S und dem hydrierten Kohlenwasserstoffrest. Im Reaktoraustritt befindet sich das entschwefelte Einsatzprodukt, unverbrauchter Wasserstoff, Schwefelwasserstoff sowie geringe Mengen an leichten Kohlenwasserstoffen, die durch Cracken entstanden sind.

Danach wird das Gemisch abgekühlt und das wasserstoffreiche Gas zurück zum Einsatz geführt (Recycle-Gas). Anschließend wird das Produktgemisch gestrippt, um den Schwefelwasserstoff zu entfernen.

Aus dem „abgestrippten" Gas wird der Schwefelwasserstoff durch eine Aminwäsche entfernt und das so entschwefelte Gas, kann als Raffineriebrenngas genutzt werden.

Der in der Aminlösung enthaltene Schwefelwasserstoff wird in einem Regenerator „gestrippt", d. h. aus der Lösung freigesetzt und danach über Zufuhr in eine **Claus-Anlage** zu freiem Schwefel umgesetzt.

Der Schwefel aus Entschwefelungsanlagen trägt heute erheblich zur weltweiten Schwefelgewinnung bei.

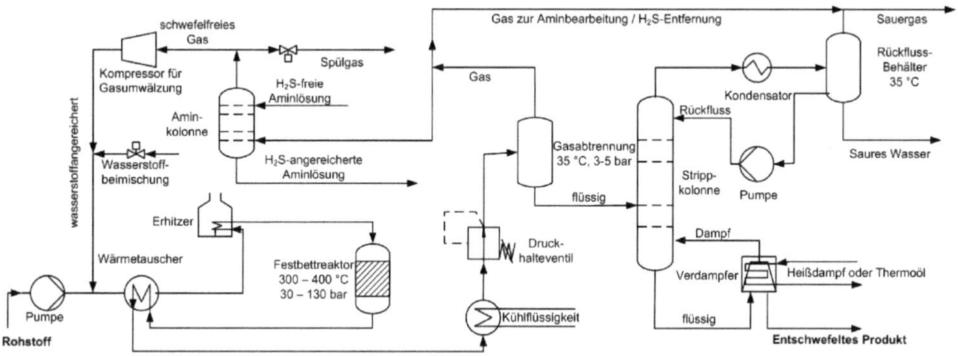

Abb. 12: Schema einer Hydro-Desulfurierungsanlage [www.wikipedia.org/Hydrodesulfurierung, 16.5.2023]

Die Hydrodesulfurierungsanlage (HDS) haben einen erheblichen Anteil an der Qualität der Turbinenöle, die nach entsprechender Additivierung, die komplexen Aufgaben in den Schmierungs- und Reglerkreisläufen der Dampfturbinen gerecht werden.

Hierfür werden Turbinenöle auf der Basis von paraffinischen Mineralölen, Hydrocracköle und Polyalphaolephinen eingesetzt. Davon abhängig unter-scheiden sich auch die Additivgehalte, zwischen 1-4 %, bei den thermisch stark belasteten Gas- und Dampfturbinenölen.

In einzelnen Anwendungen, kommen auch Esteröle zum Einsatz.

Die technischen Anforderungen an diese Öle regelt DIN 51515 Teil 1 über die darin enthaltenen Mindestanforderungen.

3 Mindestanforderungen an Turbinenöle

Die DIN 51515-1:2010-02 legt die Mindestanforderungen für Turbinenöle mit normaler thermischer Belastung fest. Turbinenöle, die dieser Norm entsprechen werden in den Schmierungs- und Regelungskreisläufen der Dampfturbinen konventioneller Kraftwerke eingesetzt. Turbinenöle, die unter erhöhter thermischer Beanspruchung zum Einsatz kommen, müssen die Anforderungen nach DIN 51515-2 erfüllen. Die einzelnen Anforderungen sind in Tabelle 3 zusammengestellt.

Eigenschaft			Anforderungen				Prüfung[a]	Vergleichbare ISO-Normen
			TD 32	TD 46	TD 68	TD 100		
Wassergehalt[e]	mg/kg	max.	150				DIN 51777-1 oder DIN EN ISO 12937	ISO 12937
Reinheitsklasse[f]		min.	20/17/14[g]				DIN ISO 5884 mit ISO 4406	ISO 5884 mit ISO 4406
Wasserabscheidevermögen	s	max.	300				DIN 51589-1	-
Korrosionswirkung auf Kupfer (3h/100 °C)		max.	2				DIN EN ISO 2160	ISO 2160
Korrosionsschutzeigenschaften[h] gegenüber Stahl, Verfahren A			bestanden				DIN ISO 7120	ISO 7120
Alterungsverhalten[i] Zeit bis zur Zunahme der NZ um 2,0 mg KOH/g	h	min.	3 000	3 000	2 500	2 000	DIN EN ISO 4263-1	ISO 4263-1

a Proben sind bis zur Durchführung der Prüfung lichtgeschützt aufzubewahren.

b Die Kennzahlen stellen die Mittelpunktviskosität in mm^2/s bei 40 °C dar.

c Die SI-Einheit der kinematischen Viskosität ist m^2/s.

d Zusammen mit ISO 12185 Technical Corrigendum 1.

e Das Turbinenöl muss blank und klar sein.

f Es ist vorzugsweise das automatische Partikelzählverfahren nach ISO 11500 anzuwenden, wobei die Kalibrierung nach ISO 11171 durchgeführt wird.

g Die Anforderungen an die Sauberkeit der Flüssigkeiten sind anlagenspezifisch. Der in der Tabelle angegebene Wert entspricht dem Stand der Technik. Andere Werte dürfen durch Vereinbarungen zwischen Lieferant und Verbraucher festgelegt werden.

h Bei Gefahr des Eindringens von Meerwasser in den Schmierölkreislauf darf die Prüfung nach DIN ISO 7120 mit synthetischem Meerwasser (Verfahren B) vereinbart werden.

i Das Alterungsverhalten sollte wegen der langen Prüfdauer nicht bei der Abnahme, sondern nur bei der Typprüfung bestimmt werden.

Tabelle 3: Anforderungen an neue Turbinenöle nach DIN 51515-2

3.1 Eigenschaften und Bewertungen

3.1.1 Probenahme

Die Probenahme spielt in der Schmierstoffanalytik eine bedeutende Rolle. Läuft die Probenahme fehlerhaft ab, kann die darauffolgende Analytik noch so akribisch sein, die damit ermittelten Ergebnisse sind für einen korrekten Betrieb der Anlagen nicht zu gebrauchen. Ebenso müssen spezielle Probenahmestellen in einer Anlage bestimmt und definiert werden, damit die entnommene Probe auch repräsentativ für die entsprechende Anlage ist. Wichtig ist, dass die Probenahme nachvollziehbar ist, d. h., es muss erkennbar sein, wer die Probe entnommen hat, an welchem Datum, zu welcher Zeit u. a. Diese

Angaben sind normalerweise in den Betriebsbedingungen eines Kraftwerks festgelegt. Die Probenahme von flüssigen Schmierstoffen erfolgt nach **DIN 51750 Teil 1 t.**

Die Probenahme-Norm ist sowohl bei neuen Turbinenölen als auch bei den Proben aus dem Betrieb, die zur Beurteilung der Ölqualität zu einem gegebenen Zeitpunkt analysiert werden, strikt einzuhalten.

Bei größeren Ölfüllungen, wie zum Beispiel in Turbinen der Kraftwerke, werden auch Rückstellproben für eventuelle Vergleichsuntersuchungen aufbewahrt. Wichtig ist dabei, die Temperatur am Aufbewahrungsort und den Füllungsgrad der Flaschen und Gefäße laut Vorschrift einzuhalten. Die Probenahme der Mineralölerzeugnisse erfolgt in gründlich gereinigten und getrockneten Glasflaschen. Um eine Homogenisierung zu ermöglichen, werden die Probegefäße bis maximal 80 % gefüllt. Lichtempfindliche Mineralölerzeugnisse sind in gefärbten Gefäßen aufzubewahren.

Die Probenahme erfolgt für Turbinenöle recht unterschiedlich, abhängig davon, ob es Erstanlieferungen mit Neuölen zur Befüllung der Schmier- und Reglerkreiskäufe der Turbinen sind oder ob es um Probenahmen zur Bestimmung physikalisch-chemischer Merkmale und Bewertungskriterien geht.

Proben zur Bestimmung der Qualität der Turbinenöle im Betrieb werden aus Teilströmen über spezielle Ventile laut Betriebsvorschrift von entsprechend geschultem Personal entnommen. Zur Bewertung der neuen Turbinenöle werden Proben entweder aus Tanks, Kesselwagen oder anderen größeren Behältern mit Hilfe von Tauchflaschen entnommen. Bei kleineren Ölmengen wie z. B. bei Nachfüllungen werden Probestecher benutzt.

3.1.2. Physikalische Eigenschaften

3.1.2.1 Farbe und Geruch der Öle

Die Farbe der Öle kann ein Hinweis zur Raffination der Öle sein, da allgemein gültig, ein Öl umso heller ist, je besser es raffiniert wurde. Es ist aber genau so möglich, dass ein Öl mit guten Schmierungseigenschaften auch dunkel sein kann. Umgekehrt sind nicht alle hellen Öle auch qualitativ hochwertig. Die Farbe ist letztendlich entscheidend von den beigemischten Additiven abhängig. Die Farbe der Öle erstreckt sich entlang des Spektrums von gelblich(-grün) bis hin zu rot-braun und ist bezüglich Intensität und Nuance recht unterschiedlich.

Diese Eigenschaft kann zur visuellen Bewertung herangezogen werden, reicht aber zur Qualitätsbewertung der Öle nicht aus. Zur Farbbestimmung gibt es verschiedene Kolorimeter (Lovibond, Dubosq, Tag Robinson oder ASTM), die zur Bestimmung Serienfarbfilter wie rot, gelb, und blau verwenden und das Ergebnis in entsprechenden Farbwerten festhalten. In einem dieser Farbvergleichsgeräte wird die Farbe von Mineralölprodukten mit Farbgläsern verglichen. In der Praxis wird die Farbe nach Anwendung der VDEW-Farbtafeln [124, S. 53] bestimmt.

Farbe und Geruch der Öle können im Betrieb der Turbinenöle zwar als informative, jedoch nicht ausreichende Kriterien herangezogen werden.

Ebenso ist die Farbbestimmung auch über fotoelektrische Kolorimeter möglich, wobei unter Anwendung des Lambert-Beer-Gesetzes die entsprechenden Extinktionskoeffizienten gemessen werden.

VDEW-Ölbuch Farbtafel	Farbzahl nach DIN ISO 2049
1	0,5
2	1,5
3	2,5
4	4,5
5	6,0
6	6,5
7	7,5-8,0

Tabelle 4: Vergleich der Farbzahlen

Wiederholbarkeit	Vergleichbarkeit
Ergebnisse ≤ 0,5	Ergebnisse ≤ 0,5

Tabelle 5: Präzision der Farbzahl

3.1.2.2 Dichte der Öle

Die Dichte eines Stoffes stellt im engeren Sinne die Masse eines Stoffes je Volumeneinheit dar. Die Dichte der Öle ist ein Ergebnis des Herstellungsverfahrens und stellt eine relevante Eigenschaft bezüglich des Einsatzbereiches der Öle dar. Generell hängt die Dichte von dem Wasserstoffgehalt der Kohlenwasserstoffe der Ölkomponenten ab: je höher der Wasserstoffanteil, umso geringer ist die Dichte. Die Dichte der Paraffine und der Naphthene steigt mit steigender Anzahl der Kohlenstoffatome im Molekül. Bei den aromatischen Kohlenwasserstoffen hingegen steigt die Dichte mit steigender Cyclenanzahl oder der seitlich-linearen Kohlenwasserstoffe. Somit ist die Dichte der paraffinbasischen Öle geringer als die der naphthenbasischen und diese wiederum haben eine geringere Dichte als Öle, bei welchen der Aromatenanteil größer ist.

Es wird zwischen absoluter und relativer Dichte unterschieden. Die absolute Dichte stellt die Masse eines bestimmten Volumens dar und wird im Internationalen System als kg/m^3 ausgedrückt. Die relative Dichte stellt das Verhältnis zwischen der Masse des Volumens eines Produktes bei einer bestimmten Temperatur, üblicherweise bei 20°C, und der Masse eines gleichen Volumens von chemisch reinem Wasser, ebenfalls bei einer bestimmten Temperatur, meist 4°C, dar. Die relative Dichte ist dimensionslos.

Die Dichte wird nach DIN 51757 bestimmt. Zur Bestimmung werden verschiedene Möglichkeiten genutzt wie Aräometer, Pyknometer, hydrostatische Waage, Schwingungsmessgerät oder Flüssiggasaräometer.

Dichtebestimmung mit einem Aräometer nach DIN 12791

Ein Aräometer ist ein luftgefüllter Glashohlkörper, dessen unteres Ende durch Bleischrot oder Quecksilber belastet ist, damit der Massenmittelpunkt möglichst tief liegt. Der obere

Teil des Glashohlkörpers stellt einen zylindrischen Hals dar, an dem eine geeichte Skala angebracht ist.

Das Aräometer wird in einen Messzylinder, in dem sich das zu messende Öl befindet, eingetaucht und die Dichte wird an der Skala abgelesen.

Wichtig ist dabei, die Messung immer bei der Temperatur durchzuführen, die auf dem Aräometer als Eichtemperatur angegeben ist. Das Ergebnis wird in g/cm^3 oder g/ml ausgedrückt.

Der Nachteil derartiger Dichtebestimmungen besteht im relativ großen Probevolumen und den kleinen Messbereichen eines Aräometers.

Dichtebestimmung mit einem Pyknometer

Bei der Dichtebestimmung mit einem Pyknometer, werden Glasgefäße mit festem Volumen, zuerst ohne Probe und danach mit Probe gewogen und die Dichte aus der Differenz errechnet.

Derartige Bestimmungen sind kostengünstig, liefern aber benutzerabhängige Ergebnisse; ebenso ist es meist schwierig, die Probe auf die Temperatur zu bringen, für welche die Pyknometer kalibriert wurden.

Dichtebestimmung über eine hydrostatische Waage

Bei der Dichtebestimmung mittels hydrostatischer Waagen wird der Auftrieb eines in die Ölprobe eingetauchten Senkkörpers, durch Auflegen von Gewichten auf einen Waagebalken ausgeglichen. Nach Beruhigung des Senkkörpers in der in einem Standzylinder befindlichen Ölprobe werden Dichte und Temperatur abgelesen.

Dichtebestimmung mit einem Schwingungsmessgerät

Bei dieser Bestimmung wird ein Hohlglasrohr benutzt, welches mit einer bestimmten Frequenz schwingt. Wenn das Rohr mit der Probe gefüllt wird, so ändert sich die Schwingfrequenz, und zwar wird die Frequenz umso niedriger, je größer die Masse der Probe ist. Aus der Frequenz wird dann die Dichte berechnet. Vorteil ist dabei, dass kleine Probenvolumina verwendet werden, die Geräte lassen sich einfach bedienen, durch die automatische Messung, sind die Resultate bedienerunabhängig. Dafür sind diese Geräte auch etwas teurer.

Dichtebestimmung mit einem Flüssiggasaräometer

Zunächst nutzt man einen Teil der Ölprobe, um damit die Apparatur zu spülen. Danach wird die Apparatur luftfrei gemacht und der Druckzylinder mit Flüssiggas gefüllt, bis das Aräometer frei schwimmt. In diesem Moment wird die Dichte am Aräometer abgelesen und die dazugehörige Temperatur notiert.

Tabelle mit Präzision der Dichtebestimmungsmethoden

Die Dichte der Kohlenwasserstoffe ist von Temperatur und Druck abhängig, wobei der Effekt der Temperatur wesentlich ausgeprägter als der des Druckeinflusses ist.

Geräte	Vergleichbarkeit	Wiederholbarke
Aräometer	< 0,0010	< 0,0020
Pyknometer	< 0,0015	< 0,0007
Hydrostatische Waage	< 0,0002	< 0,0005
Schwingungsmessgerät	< 0,0005	< 0,0010
Flüssiggasaräometer	< 0,0010	< 0,0030

Tabelle 6: Präzision der Dichtebestimmungen [124, S. 60]

3.1.2.3 Feste Fremdstoffe

Die Bestimmung fester Fremdstoffe in Mineralölen stellt eine wichtige Prüfung dar, da diese im Betrieb zu erheblichen Störungen bis zum Abschalten der Turbinen führen können. Feste Fremdstoffe werden nach DIN ISO 5884, unter Anwendung verschiedener Verfahren, bestimmt.

Mikroskopische Verfahren
Aus einem definierten Flüssigkeitsvolumen werden mittels Unterdrucks die festen Verunreinigungen auf der Filteroberfläche eines Membranfilters abgesondert und gezählt. Dabei wird die längste Ausdehnung berücksichtigt.

Automatisches Partikelzählverfahren
Die Ölprobe wird zur gleichmäßigen Verteilung der Verunreinigungspartikel intensiv vermischt und danach die festen Fremdstoffe, direkt mit einem automatischen Partikelzähler, bestimmt.

Gravimetrische Analyse
Eine genau definierte Menge der Ölprobe wird mittels Unterdrucks durch zwei übereinander liegende Membranfilter filtriert. Die an den Membranen abgeschiedene Probenmasse ist gleich dem Gehalt an festen Verunreinigungen und wird in *g feste Stoffe/100 g Öl* angegeben.

3.1.2.4 Aschegehalt

Bei dem Aschegehalt, also dem Verbrennungsrückstand der Mineralöle, wird zwischen Oxydasche und Sulfatasche unterschieden.

Unter Oxidasche versteht man den nichtflüchtigen Rückstand eines Mineralöles, der bei 750–800°C unter Luftzutritt anfällt. Die Bestimmung des Gehaltes an Oxidasche nutzt man, um den Reinheitsgrad der Neuöle zu bewerten, bei legierten Ölen erlaubt der Aschegehalt Rückschlüsse auf die Art der Additive, jedoch nicht ohne mit chemischen und spektroskopischen Untersuchungen verknüpft zu werden.

Unter Sulfatasche versteht man den nichtflüchtigen Rückstand eines Mineralöles der bei 575–600°C anfällt. Bei gut raffinierten Neuölen liegt der Aschegehalt unter 0,01 %.

Bei einem fehlerhaften Ablauf des Raffinationsverfahren (Verunreinigungen durch Natriumnaphthenat, Natriumsulfonat oder gar Bleicherde) und bei additivierten Ölen zeigt der Aschegehalt höhere Werte. Bei Ölproben aus dem Betrieb kann ein erhöhter Aschegehalt ein Hinweis auf Abrieb sein. Die Prüfung wird nach ISO 24506 durchgeführt und das Ergebnis in *g Oxidasche/100 g Mineralöl = -% Massenanteil* ausgedrückt.

Die Ölprobe wird filtriert und danach wird ein Probenteil in einem geeigneten Gefäß entzündet und abgebrannt, bis nur Asche zurückbleibt.

3.1.2.5 Wassergehalt

Wasser ist neben Verschmutzungen wie Staub und feste Fremdstoffe eine sehr häufig auftretende Verunreinigung in Ölen. Wasser beeinträchtigt die Schmierfilmbildung der Öle, beeinflusst die Ölalterung, ist eine Ursache für Korrosion und kann, als verändertes hydraulisches Medium, zu Störungen in Reglerkreisläufen von Turbinen führen. Das Lasttrage- und Schmierungsvermögen von Wasser ist wesentlich geringer als das von Öl. Wenn Wassertröpfchen als freies Wasser im Öl sind, so ist an diesen Stellen die Ausbildung eines stabilen Ölfilms gestört, die gepaarten Oberflächen können sich direkt berühren und zu mechanisch abrasivem Verschleiß führen.

Spuren von Wasser sind in jedem Öl enthalten, selbst in Frischölen sind Wassergehalte im ppm-Bereich vorhanden. Um jedes wasserbedingte Risiko im Betrieb zu verhindern, müssen die ein-gesetzten Öle regelmäßig auf ihren Wassergehalt untersucht werden. Hierfür werden mehrere Untersuchungsmöglichkeiten benutzt:

Visuelle Bewertung

Eine Ölprobe wird visuell untersucht. Wenn das Öl mehr Wasser enthält als vom Öl selbst und/oder den dispergierend wirkenden Additiven in Schwebe gehalten werden können, setzt sich das Wasser im Probegefäß ab und führt zu einer optisch deutlich erkennbaren 2-Phasen-Bildung. In derartigen Fällen wird der Wasseranteil entweder abgelesen (bei Nutzung von transparenten, gradierten Probegefäßen) oder nach Dekantieren mittels Messzylinder genau abgemessen.

Infrarotspektroskopie

Unter Nutzung der Intensität der charakteristischen Absorptionsbande, kann der Wasseranteil einer Ölprobe bestimmt werden. Wassergehalte ab 0,05 % können mit der IR-Methode dann genau bestimmt werden, wenn das Frischöl bekannt ist.

Spratzprobe

Weil aber die Frischölreferenz bei den im Betrieb befindlichen Ölen nicht immer bekannt ist, wird bei fast allen Ölproben die Untersuchung für den Wassergehalt mit dem sogenannten „Spratztest“ durchgeführt. Hierfür wird ein Öltropfen auf eine, ungefähr 100°C heiße Platte gespritzt. Enthält das Öl mehr als 0,1 % Wasser, so entweicht das Wasser spritzend und mit knatterndem Geräusch von der heißen Platte.

Karl-Fischer-Titration

Bei einigen Ölen ist sowohl bei Frischölen (z. B. Trafoöle, Kältemaschinenöle) als auch im Betrieb der genaue Wassergehalt der Einsatzöle von besonderer Bedeutung.

Die Wassergehaltsbestimmung nach Karl Fischer erfolgt über das direkte Verfahren nach DIN 51777, Teil 1, für Ölproben, die im Titriermedium löslich oder dispergierbar sind oder nach DIN 51777, Teil 2, im indirekten Verfahren für Ölproben, die mit Wasser nicht mischbar sind.

Im direkten Verfahren werden der Ölprobe, die im Karl-Fischer-Medium gelöst oder dispergiert ist, unter Ausschluss von Luftfeuchtigkeit weitere Mengen an Karl-Fischer-Lösung beigefügt, bis der Titrationsendpunkt erreicht ist.

Der Wassergehalt der Ölprobe wird dann über die verbrauchte Menge an Karl-Fischer-Lösung und ihrem Titer bestimmt. Für Proben, die mit der Karl-Fischer-Lösung reagieren, ist das direkte Verfahren ungeeignet.

Beim indirekten Verfahren wird das Wasser bei Atmosphärendruck und 120°C mit Reinststickstoff aus der Probe entfernt, dann bei Raumtemperatur mit Karl-Fischer-Lösung getrocknetem Methanol kondensiert und mit Karl-Fischer-Lösung nach dem Endpunktverfahren titriert. Der Wassergehalt wird dann aus der verbrauchten Menge an Karl-Fischer-Lösung und ihrem Titer berechnet. Der Wassergehalt nach Karl Fischer wird in *mg Wasser/kg Probe* angegeben. Unten angeführte Tabelle zeigt die Präzision des nach Karl Fischer bestimmten Wassergehalts. Alle Angaben sind in *mg Wasser/kg Probe* angeführt.

Wassergehalt	Vergleichbarkeit	Wiederholbarkeit
bis 10	2	3
über 10 bis 30	3	5
über 30 bis 100	5	10
über 100	10	15

Tabelle 7: Präzision der Wassergehaltsbestimmungen

3.1.2.6 Neutralisationszahl

Die Neutralisationszahl stellt die Menge an KOH dar, welche nötig ist, um die in 1 g der Ölprobe enthaltenen, sauren Bestandteile zu neutralisieren. Grundöle enthalten mehr oder weniger saure Komponenten. Gut raffinierte mineralbasische und synthetische Grundöle sind praktisch frei von organischen oder anorganischen Säuren, aber moderne, hochlegierte Öle beeinflussen, über Verschleiß- und Korrosionsschutzadditive den pH-Wert und verleihen dem Frischöl einen leicht sauren Charakter.

Grundsätzlich steigt, bei den im Betrieb befindlichen Ölen, der Gehalt an sauren Verbindungen, durch die unvermeidbare Oxidation, permanent an. Betriebstemperaturen, Verunreinigungen und die Dauer des Einsatzes führen zur Ölalterung und verändern den pH-Wert der Frischöle. Die Veränderung der pH-Werte der Öle in Richtung sauren Bereich, kann auch über die er-wünschten Reaktionen vieler Additive mit unterschiedlichen Metalloberflächen, bzw. deren Abbauprodukte, erreicht werden.

Die Anreicherung der Säuren im Öl beschleunigt die „Ölalterung", was zu einem Viskositätsanstieg der im Betrieb befindlichen Öle führt und dies wiederum zu Störungen der Schmierungs- und Steuerungskreisläufe. Die sich bildenden freien Säuren lösen, bei unzureichender Konzentration der Korrosionsinhibitoren, einen Angriff auf die im Kreislauf existierenden Metalloberflächen aus, greifen ebenso die Kunststoffe und Dichtungs-materialien, an. Diese Effekte stören die Sicherheit im Betrieb und verkürzen die Lebensdauer der Öle.

Deswegen ist es wichtig derartige Veränderungen der Öle im Vergleich zu den entsprechenden Frischölen, genau zu erfassen, was mit der Bestimmung der Neutralisationszahl möglich ist. Die Bestimmung des Säureanteils ist für die Beurteilung der Gebrauchtöle sehr wichtig und abhängig von den verschiedenen Öltypen, kommen unterschiedliche Verfahren zum Einsatz.

Die Neutralisationszahl (NZ) ...
nach DIN 51558 Teil 1 oder ASTM D 974 stellt praktisch das älteste Verfahren zur Säurebestimmung der Öle dar. Die zu untersuchende Ölprobe wird mit einem Gemisch von Toluol und Propanol, welches geringe, festgelegte Mengen Wasser enthält, intensiv verrührt. Danach wird dieses Gemisch mit einer 0,1 M alkoholischer Kalilauge bis zum Endpunkt titriert. Der Endpunkt wird über den Farbumschlag der hinzu-gefügten Indikatorlösung, p-Naphtholbenzein, angezeigt. Das Ergebnis wird in mg KOH/ g Öl angegeben. Der Farbumschlag des Indikators lässt sich nur bei hellen, durchsichtigen Ölproben beobachten und kann bei dunklen, undurchsichtigen Ölproben nicht erfasst werden. Hierfür werden andere Analyseverfahren herangezogen.

AN (Säurezahl), Potentiometrische Bestimmung mit Elektrode
Das Bestimmungsverfahren befolgt DIN EN 12634 oder ASTM D 664. Zur Säuregehaltsbestimmung wird der mit dem gleichen Lösungsmittelgemisch, intensiv verrührten Ölprobe, jedoch ohne Indikator, so lange KOH, in kleinen Schritten zudosiert, bis eine Elektrode, die den pH-Wert permanent aufzeichnet, den Umschlagspunkt signalisiert. Dieses Verfahren kann bei allen Ölen angewandt werden. Wegen der besonderen Sensibilität der pH Elektroden, müssen diese nach jeder Bestimmung gereinigt und regeneriert werden. Da diese Elektroden mit leichter Verzögerung auf die Änderung des pH-Wertes reagieren, muss die Kalilauge in kleinen Schritten hinzugefügt werden, wobei nach jeder Hinzufügung kleine Pausen einzuhalten sind. Dadurch ist die Dauer dieser Säurebestimmung wesentlich größer als die der NZ-Bestimmung.

AN (Säurezahl), Bestimmung mit Thermometrie
Bei Anwendung dieses Verfahrens lassen sich die Vorteile der beiden vorher beschriebenen Analyseverfahren kombinieren. Das Verfahren, derzeit bei DIN und ASTM als Normentwurf vorgestellt, verwendet einen besonderen Indikator, der dem Proben-Lösungsmittelgemisch vor Beginn der Titration hinzugefügt wird. Die Besonderheit des Indikators besteht darin, dass dieser am Neutralpunkt nicht seine Farbe verändert, sondern sehr unter heftiger Wärmeentwicklung reagiert. Der Temperatursprung wird über einen sensiblen Temperaturfühler registriert.

Das Ergebnis ist analog zum Farbwechsel und zur Elektroden-AN. Die Vorteile dieser Methode bestehen darin, dass der Temperaturfühler vergleichbar schnell wie der Farbumschlag reagiert, es werden keine Elektrodenkontrollen benötigt und der Temperatursprung ist bei allen Ölen gleich, egal ob diese transparent oder dunkel sind.

Der einzige Unterschied bei den beschriebenen Analyseverfahren besteht nur in der Erkennung des Endpunktes der Reaktion.

AN- oder NZ-Bestimmung mit einem chemometrischen Modell
Der Säuregehalt eines Öles kann auch ohne die Reaktion mit einer Base bestimmt werden. Diese Methode basiert auf der Korrelation zwischen konventionell durchgeführten Titrationen und gleichzeitig aufgenommenen Infrarot-Spektren von einem Öltyp. Dieses Modell kann unter Nutzung statistischer Rechenformeln zur Berechnung der Säurezahl der Ölsorten herangezogen werden, für welche die Korrelationen mit den IR-Spektren errechnet wurden. Der Aufwand, der dabei zu erbringen ist, besteht in der Bestimmung von mehren tausend konventionell durchgeführten Titrationen und der jeweiligen Korrelation mit dem dazugehörigen IR-Spektrum. Dadurch ist die mögliche Anwendung auf das jeweils untersuchte bzw. zum Einsatz herangezogene Öl beschränkt.

3.1.2.7 Verseifungszahl [124, S. 69]

Die Verseifungszahl (VZ) ist eine Kennzahl, die zur Reinheitsprüfung und Qualitätskontrolle von Mineralölen herangezogen wird.

Die Bestimmung der Verseifungszahl von Mineralölen wird nach DIN 51559 Teil 1 durchgeführt. Durch die Verseifungszahl wird der Gehalt an verseifbaren Bestandteilen eines Öles bestimmt. Die Verseifungszahl zeigt wie viel Kaliumhydroxid notwendig ist, um die in 1 g Mineralöl enthaltenen freien Säuren zu neutralisieren und die vorhandenen Esterbindungen zu spalten (Verseifung).

Hierbei wird die Ölprobe im Überschuss mit ethanolischer Kalilauge unter Rückfluss erhitzt und die nicht verbrauchte Kaliumhydroxidmenge durch Titration mit Salzsäure, in Gegenwart eines Farbindikators (Phenolphthalein) bestimmt. Die Verseifungszahl wird dann aus der Menge des verbrauchten KOH berechnet und in *mg KOH/g Öl* angegeben.

Für additivierte Turbinenöle sind die Ergebnisse der Verseifungszahl irrelevant, da die im Öl enthaltenen Additive das Ergebnis verfälschen.

3.1.2.8 Rückstand nach Conradson

Die Kokszahl nach Conradson ist der Rückstand, der bei der Erhitzung einer Ölprobe in einem geschlossenen Raum und limitierter Luftzufuhr entsteht, wobei die gebildeten Dämpfe verbrannt werden. Generell ist die Kokszahl umso größer, je höher die Ölviskosität ist. Im Allgemeinen zeigen Öle, die durch moderne Herstellungsverfahren produziert werden, geringe Kokszahlen. Für legierte Öle ist die Kokszahl von geringer Bedeutung, da die Bestimmung wegen der Additive auf Basis von Metallsalzen, irrelevant wird. Das Analysenverfahren wird nach DIN 51551 durchgeführt und öfters auch CCR (Conradson Carbon Residue) abgekürzt. Das Ergebnis wird in *g Koksrückstand/100 g Mineralöl = Gew.-%* angegeben. [124, S. 70]

3.1.2.9 Viskosität und Viskositätsindex

Die Viskosität ist eine Eigenschaft, über welche wir einen Hinweis zur internen Reibung einzelner Flüssigkeitsschichten zueinander erhalten. Die Viskosität ist bei der Planung von Anlagen sowie für den Einsatz von Erdölprodukten von ganz besonderer Bedeutung.

Der Großteil der Erdölprodukte wird als Newton'sche Flüssigkeiten betrachtet, d. h. im Bereich der laminaren Strömung folgen diese dem Newton'schen Gesetz und somit ist die Viskosität der flüssigen Erdölprodukte ausschließlich eine Funktion von Temperatur und Druck.

Es wird zwischen dynamischer Viskosität und kinematischer Viskosität unter-schieden.

Die Einheiten für die dynamische Viskosität ist Pa (Pascal) oder mPa (Mili-Pascal), während die kinematische Viskosität in mm²/s ausgedrückt wird. Ebenso werden zur Viskositätsangabe auch konventionelle Einheiten genutzt, die aber bei hydraulischen Berechnungen und Reibungsformeln nicht herangezogen werden sollen. Das Prinzip der konventionellen Methoden besteht in der Messung der Zeit, die eine Flüssigkeit benötigt, um durch eine kalibrierte Öffnung zu fließen. Die üblichsten konventionellen Einheiten sind:

Grad Engler (°E)
Diese Bestimmung wird mit Hilfe eines Engler-Viskosimeters durchgeführt. Grad Engler drücken das Verhältnis zwischen der Durchlaufzeit von 200 cm³ einer Ölprobe bei 20°C, 50°C oder 100°C und der Durchlaufzeit von 200 cm³ destilliertem Wasser bei 20°C aus.

Sayboldt-Sekunden
Die Viskosität in Sayboldt-Sekunden ist die Durchflusszeit von 60 cm³ einer Ölprobe in einem Universal-Viskosimeter. Die Angabe einer Viskosität in Sayboldt-Sekunden war in den USA üblich. Für höherviskose Flüssigkeiten wird das Saybolt-Furol-Viskosimeter eingesetzt.

Redwood-Sekunden
Die Angabe der Viskosität in Redwood-Sekunden war in England verbreitet und misst die Durchlaufzeit von 50 cm³ einer Probe bei gegebener Temperatur durch ein Viskosimeter Redwood I (Standard) oder Redwood II (Admiralty) mit größerer Öffnung, was für zähflüssigere Produkte zum Einsatz kommt.

Die kinematische Viskosität wird nach DIN ISO 3104 über ein Ubbelohde-Viskosimeter bestimmt. Zunächst wird die Ölprobe in die Vorratskugel eingefüllt und dabei müssen Luftblasen vermieden werden. Danach wird die Ubbelohde-Kapillare in ein mit Thermostat versehenem Bad fixiert.

Hat die Probe die gewünschte Temperatur erreicht, wird die Probe in die obere Messkugel gezogen (Peläusball) bis diese die obere Markierung überschritten hat.

Danach wird die Durchflusszeit der Probe von der oberen zur unteren Markierung gemessen und daraus die kinematische Viskosität, nach der Formel

$$\mathbf{V = k.\, t_k}$$

errechnet, wobei
V = kinematische Viskosität in mm²/s
K = Gerätekonstante der Kapillare in mm²/s²

t_k = ermittelte Durchflusszeit der Probe in Sekunden

Zur Berechnung wird die Gerätekonstante in mm^2/s^2 und die ermittelte Durchflusszeit t_k der Probe in Sekunde (s) angegeben woraus sich die kinematische Viskosität in mm^2/s ergibt.

Das Verfahren nach DIN ISO 3104 ermöglicht die Bestimmung der kinema-tischen Viskosität für Temperaturbereiche zwischen 10°C und 100°C und den Viskositätsbereich zwischen 0,35 und 800 mm^2/s und zeichnet sich durch unten angeführte Präzision aus, wie Tabelle 8 zeigt. [124, S. 61]

Wiederholbarkeit	**Vergleichbarkeit**
≤ 0,35 %	≤ 0,7 %

Tabelle 8: Präzision bei Bestimmungen der kinematischen Viskosität

Die Viskosität der Öle ist eine Funktion der Temperatur, d. h., mit steigender Temperatur sinkt die Viskosität, die Viskositätsschwankung ist von der Struktur der Kohlenwasserstoffe abhängig und steigt in Richtung Paraffine – Naphthene – Aromaten.

Lineare, unverzweigte paraffinische Kohlenwasserstoffe weisen oberhalb der Schmelztemperatur geringe Viskositäten auf; die Viskositätsänderung mit der Temperatur ist ebenfalls gering.

Bei gleichem Molekulargewicht verursacht eine Seitenkette eine geringe Abnahme der Viskosität und ändert ebenfalls unwesentlich die Viskosität mit der Temperatur.

Cykloalkane mit der gleichen Anzahl von Kohlenstoffatomen im Molekül, weisen sowohl eine größere Viskosität als auch größere Viskositätsschwankungen mit der Temperatur, im Vergleich zu den paraffinischen Kohlenwasserstoffen, auf.

Paraffinische Seitenketten an naphthenische Cyklen gekoppelt, verringern sowohl die Viskosität als auch die Viskositätsschwankungen mit der Temperatur.

Seitenketten an Aromaten geknüpft, haben einen ähnlichen Effekt auf Viskosität und Viskositätsschwankungen wie naphthenische Cyklen.

Ebenso verursacht eine olefinische Seitenkette eine Viskositätsverringerung.

Generell gilt für Erölprodukte, dass die Viskosität mit zunehmendem Druck nur einen geringen Anstieg zeigt. Erst oberhalb 250 bar bzw. ab 300 bar ist ein merklicher Anstieg der Viskosität zu verzeichnen.

Die Veränderung der Viskosität mit der Temperatur spielt eine bedeutende Rolle für den Einsatz der Öle. Durch die Anhebung der Temperatur finden Auflösungen von Molekülassoziationen statt, was wiederum zur Schwächung der Van-der-Waals-Kräfte führt, welche die Moleküle zusammenhalten. (135)

Bei Absinken der Temperatur spielen sich die Phänomene umgekehrt ab; neben der Verdickung des Öles kann auch eine Absonderung feiner Partikel wie z. B. Paraffinkristalle bei gleichzeitiger Bildung einer nicht-Newton'schen Flüssigkeit stattfinden.

Die Veränderung der Viskosität mit der Temperatur kann, für einen breiten Temperaturbereich, nicht genau genug beschrieben werden.

Es wurden daher zahlreiche mathematische Formeln und graphische Darstellungen entwickelt, von denen sich die von Ubbelohde-Walther als gut brauchbar erwiesen hat:

$$\log \log (v + c) = n + m \log T$$

wobei
v = kinematische Viskosität in cSt
T = absolute Temperatur (K)
c, n, m = Konstante

Mit dieser Formel kann eine Gerade in einem Koordinatensystem errichtet werden, wobei, mit Hilfe der Viskosität bei zwei gegebenen Temperaturen, die Viskosität eines Öles bei einer beliebigen Temperatur bestimmt werden kann.

Eindeutig ist jedoch, dass keine der zahlreichen mathematischen Formeln die Veränderung der Viskosität mit der Temperatur durch einen einzelnen Wert ausreichend beschreiben kann.

Deswegen wurde auf verschiedene konventionelle Systeme ausgewichen, von welchen das am meisten verwendete das Dean-Davis-Index-System ist.

Dean und Davis nutzten hierfür zwei Grundöle aus der Mineralölverarbeitung, paraffinische Öle aus Pennsylvania mit geringem Viskositäts-Temperaturkoeffizienten (IV = 100), Serie H, und naphthen-aromatische Öle von der Gulf-Coast mit großem Viskositäts-Temperaturkoeffizienten (IV = 0), Serie L, und haben damit schon im Jahre 1929 den Dean-Davis-Index als Maßzahl entwickelt.

Das Prinzip der Viskositäts-Index-Bestimmung stützt sich auf die Bestimmung der kinematischen Viskosität bei 37,8 und 98,9°C unter Berücksichtigung der Methoden ASTM D 2270-79 sowie IP 226/68.

Obwohl der Viskositäts-Index die Fortschritte der Ölindustrie durch die Einführung moderner Technologien stimuliert hat, zeigt dieser auch Unzulänglichkeiten für die Öle mit einem Viskositäts-Index oberhalb 100.

Der Viskositätsindex eines Öls errechnet sich unter Anwendung unten angeführter Formel:

$$V{:}I = L\text{-}U/L\text{-}H\ .100$$

wobei:
L = kinematische Viskosität des Öles der Serie L bei 40°C (cSt)
H = kinematische Viskosität des Öles der Serie H bei 40°C (cSt)
U = kinematische Viskosität des zu untersuchenden Öles bei 40°C (cSt)

Die Werte für **H** und **L** sowie die Differenzen **L-H** sind tabellarisch erfasst und werden über die kinematische Viskosität V bei 100°C des zu untersuchenden Öles bestimmt.

Die Unsicherheiten der Viskositätsindexbestimmung sind folgende:

- Das zu untersuchende Öl wird mit zwei willkürlich ausgewählten Ölen verglichen.
- Die Kurve zur Viskositätsänderung mit der Temperatur ist nicht genau genug, wenn sie nur über die bei zwei Temperaturen gemessenen Viskositäten, dargestellt wird. Zur genaueren Darstellung werden mindestens drei Messungen benötigt. Es gibt durchaus Öle deren Viskositäten bei den beiden Referenztemperaturen identisch sind, die aber zu Abweichungen über den gesamten Kurvenverlauf führen.
- Öle mit geringer Viskosität können nicht direkt mit Ölen höherer Viskosität verglichen werden.

- Mischt man ein leichteres Öl mit einem schwereren, so erhält man manchmal einen größeren Viskositätsindex als den der beiden vermischten Öle.
- Der Viskositätsindex verändert sich, sobald andere Referenzöle herangezogen werden.

Diese wurden erkannt und über spezielle Formeln zur Errechnung des so genannten erweiterten Viskositätsindex wurde man auch den Grundölen und den synthetischen Ölen mit Polymeranteil gerecht. Heute wird der Viskositätsindex über die Messung der kinematischen Viskosität bei 40°C und bei 100°C nach DIN ISO 2009 bestimmt.

3.1.2.10 Pourpoint - Cloudpoint

Das Tieftemperaturverhalten der Mineralöle hängt speziell von darin enthaltenen Kohlenwasserstoffen ab. Während der Abkühlung wird eine Temperatur erreicht, bei welcher sich teilweise Komponenten verfestigen, es setzt eine Kristallisation ein, die von der Anzahl der Kristallisationszentren und deren Bildungsgeschwindigkeit sowie von der Abkühlgeschwindigkeit abhängen.

Die niedrigste Temperatur, bei welcher das Öl unter Abkühlungsbedingungen seine Fließgrenze erreicht, wird als Pourpoint bezeichnet. Diese Bestimmung sagt aus, bis zu welcher Temperatur ein Mineralöl seine Schmierungseigenschaften behält. Die Pourpointbestimmung wird nach DIN ISO 3016 durch-geführt.

Der Cloudpoint ist die Temperatur, bei welcher ein klares, flüssiges Mineralöl unter festgelegten Abkühl-Bedingungen durch Paraffinausscheidung trüb oder wolkig wird. Die Bestimmung wird nach DIN ISO 3015 durchgeführt.

Die Absonderung der paraffinischen Komponenten findet vor dem Mobilitätsverlust der Öle statt und führt zu einer Trübung. Dieser Vorgang spielt sich normalerweise bei einer um 3–5°C höheren Temperatur zu dem Stockpunkt ab.

Der Stockpunkt der unter festgelegten Bedingungen abgekühlten Mineralöle ist die Temperatur, bei welcher das Öl aufhört zu fließen. Die Ergebnisse für die Stockpunkte sind bedingt aussagefähig in Bezug auf das Kälteverhalten.

Das Verhalten der Öle bei niedrigen Temperaturen ist auf eine Struktur zurückzuführen, die durch den Anstieg der Scherungskräfte zerstört wird (Tixotropie). Es wurde beobachtet, dass paraffinbasische Öle bei Temperaturen unterhalb des Trübungspunktes und bei einem erheblichen Geschwindigkeitsgradienten in nicht-Newton'sche Flüssigkeiten übergehen und somit eine Viskositätsbestimmung relativiert wird; es wird eine Scheinviskosität ermittelt.

Mineralöle sind ein Gemisch aus Kohlenwasserstoffen mit unterschiedlichen Stockpunkten und somit wird während der Abkühlung der Ölprobe eine Temperatur erreicht, bei welcher sich ein Teil der Komponenten verfestigen. Die eintretende Kristallisation ist von der Geschwindigkeit der Bildung und Anhäufung von Kristallisationszentren anhängig.

Die Verfestigung der Ölprobe tritt entweder durch die Entstehung eines Paraffin-Kristallgitters oder durch den Viskositätsanstieg der Ölprobe oder gleichzeitig durch beide Ursachen ein.

Es ist generell sehr schwierig eine genaue Korrelation zwischen chemischer Struktur und Fließeigenschaften der Öle herzustellen. Allgemein gültig ist, dass für eine gute Fließeigenschaft eine geringe intermolekulare Anziehung und eine freie Rotation rund um die Seitenkettenstruktur notwendig sind. Grundsätzlich steigt der Kristallisationspunkt mit der Molekularmasse bei gleichen Kohlenwasserstoffserien.

Bei gleicher Molekularmasse ist der Kristallisationspunkt umso geringer je verzweigter das Molekül ist. Dieser Einfluss ist durch den verzweigungsbedingten Symmetrieverlust zu erklären. Wenn jedoch die Seitenketten symmetrisch angeordnet sind, ist es sogar möglich, dass der Kristallisationspunkt ansteigt, anstatt zu fallen. Die Genauigkeit der Pourpoint-Bestimmungen zeigt Tabelle 13.

Wiederholbarkeit	**Vergleichbarkeit**
≤ 3°C	≤ 6°C

Tabelle 9: Präzision der Pourpoint- Bestimmung

3.1.2.11 Flammpunkt

Unter dem Flammpunkt versteht man die Temperatur bei welcher ein, unter festgelegten Bedingungen erhitztes Öl eine bestimmte Menge Dampf entwickelt, welche, bei Annäherung einer Flamme, entflammt.

Der Wert des Flammpunktes hängt von der Menge an leichten Komponenten im jeweiligen Öl ab.

Bei gleicher Viskosität und einem vergleichbaren Fraktionierungsgrad, weisen paraffinische Öle die höchsten Flammpunkte auf, während die aromatischen die niedrigsten Flammpunkte ergeben. (bei gleicher Viskosität sind paraffinische Öle weniger volatil als aromatische, da sie aus größeren Molekülen bestehen) Somit werden bei paraffinischen Ölen mit einer Viskosität von 20–30cSt bei 50°C, Flammpunkte oberhalb von 200°C gemessen und bei Ölen mit 25-50cSt bei 100°C erreichen die entsprechenden Flammpunkte bis zu 340°C, während der Flammpunkt eines aromatischen Öls, bei einer Viskosität von 50–70 cSt bei 100°C kaum 280°C erreicht. [129, S. 42]

Der Flammpunkt ist ein wichtiger Hinweis über die Volatilität eines Öles und somit eine hilfreiche Aussage zum Ölverbrauch.

Zur Bestimmung dieser Eigenschaft werden verschiedene Methoden angewandt.

Flammpunkt nach Cleveland

Die Anwendung des Verfahrens, nach ISO 2592, ermöglicht die Bestimmung des Flammpunktes im offenen Tiegel.

Der Flammpunkt nach Cleveland ist die niedrigste Temperatur, in °C, bei der sich die unter festgelegten Erwärmungsbedingungen entstandenen Dämpfe, durch Fremdzündung, entflammen.

Der offene Tiegel wird mit der Ölprobe in das Prüfgerät eingesetzt, danach die Temperatur zunächst rapide und anschließend langsam gesteigert. Bei bestimmten, der Methode entsprechenden Intervallen wird eine Zündflamme zugeführt und die Temperatur in °C gemessen und notiert, bei der die gebildeten Dämpfe entflammen. Die Genauigkeit der Bestimmungen ist in Tabelle 14 dargestellt.

Wiederholbarkeit	Vergleichbarkeit
≤ 8°C	≤ 16°C

Tabelle 10: Die Präzision des Flammpunkts nach Cleveland [124, S. 62]

Flammpunkt nach Pensky-Martens

Der Flammpunkt nach Pensky-Martens wird nach ISO 2719 im geschlossenen Tiegel bestimmt und ist ein wichtiger Hinweis zu der Entflammbarkeit brennbarer Flüssigkeiten sowie für die Feuer- und Explosionsgefahr der Öle unter entsprechenden Bedingungen im Betrieb.

Beim Pensky-Martens-Verfahren wird die Ölprobe in einem geschlossenen Tiegel erwärmt und permanent gerührt.

Der Temperaturanstieg ist zu Beginn intensiv und bei Annäherung an den Flammpunkt auf einen Anstieg von 3,5°C ± 0,5°C je Minute zu regeln.

Nach jedem Temperaturanstieg von einem ganzen °C wird eine Zündflamme über die geöffnete Deckelaussparung zur Probe geführt und so lange fortgesetzt, bis es zu einer Entflammung der Ölprobe kommt. Die dabei abgelesene Temperatur in °C stellt den Flammpunkt der Ölprobe dar. Die Präzision des Flammpunktes nach Pensky-Martens ist in Tabelle 11 angeführt. [124, S. 63]

Wiederholbarkeit	Vergleichbarkeit
≤ 2°C	≤ 3°C

Tabelle 11: Präzision bei Flammpunktbestimmung nach Pensky-Mertens

Brennpunkt

Der Brennpunkt, nach ISO 2592 bestimmt, soll Aussagen zu der Entflammbarkeit der bei der Erwärmung einer Ölprobe entstandenen Dämpfe ermöglichen. Der Brennpunkt ist die Temperatur, bei welcher die aus der Ölprobe entwickelten Dämpfe, nach dem Entflammen, mindestens 5 Sekunden lang weiter brennen. Der Brennpunkt ist ungefähr 30–50°C höher als der Flammpunkt. [129, S. 43] Die Genauigkeit der Brennpunktbestimmungen zeigt Tabelle 12. [124, S. 64]

Wiederholbarkeit	Vergleichbarkeit
≤ 8°C	≤ 14°C

Tabelle 12: Präzision der Brennpunktbestimmung

Zündtemperatur

Die Zündtemperatur (auch Selbstentzündungstemperatur genannt) ist die Temperatur bei welcher sich ein Mineralöl bei Kontakt mit Luft oder Sauerstoff, auch ohne Flamme entzündet.

Diese Eigenschaft der Mineralöle wird nach DIN 51794, ASTM D 2155-69 oder IEC 79-4 bestimmt.

Die über verschiedene Methoden ermittelten Ergebnisse streuen relativ stark.

Die Selbstentzündungstemperatur ist mit ansteigender Viskosität und größerem Molekulargewicht, geringer. Die ermittelten Werte sind für Mineralöle, die unter hohem Druck und hoher Temperatur betrieben werden, sehr wichtig, um eventuelle Brände zu vermeiden.

Bei Durchführung der Zündtemperaturbestimmung werden verschiedene Probenmengen in einen offenen Erlenmeyer-Kolben gefüllt und diese, bei unterschiedlichen Temperaturen, in einem elektrischen Ofen erwärmt. Danach wird beobachtet, ob für die entsprechende Probemenge, bei der jeweiligen Temperatur, eine Entzündung stattfindet. Die Zündtemperatur wird dann aus den Niedrigstwerten mehrerer Versuchsreihen ermittelt.

Die Zündtemperatur korreliert nicht mit der Flammpunkttemperatur und ist eher ein Maß für die Oxidationsempfindlichkeit der Mineralöle anzusehen und für den Brandschutz relevant. Die Genauigkeit derartiger Bestimmungen ist in Tabelle 13 zusammengefasst. [124, S. 65]

Wiederholbarkeit	**Vergleichbarkeit**
bis 300°C ≤ 5°C	bis 300°C ≤ 10°C
über 300 °C ≤ 10°C	über 300°C ≤ 20°C

Tabelle 13: Präzision der Zündtemperaturbestimmungen.

3.2 Schwer brennbare Turbinenöle

Kommen Turbinenöle in bestimmten Einsatzbereichen mit heißen Oberflächen in Kontakt, so ist es sinnvoll konventionelle Mineralöle durch schwer brennbare Flüssigkeiten zu ersetzen. [124, S. 126]

Wichtig ist, dass die zum Einsatz kommenden schwerbrennbaren Flüssigkeiten, die in der chemischen Industrie hergestellt werden, vergleichbare Viskositäten zu den entsprechenden Mineralölen aufweisen. Bei Dampfturbinen kommen synthetische Flüssigkeiten auf Phosphorsäureester-Basis meist in den Regelkreisläufen zum Einsatz.

Sofern die Systeme dafür ausgelegt sind, werden schwerbrennbare Flüssigkeiten auch für Gleitlager und anderen Hydraulikanlagen in Kraftwerken eingesetzt.

Die Anforderungen an derartige Flüssigkeiten sind in DIN EN 61 221 beschrieben und zeichnen sich durch besondere Eigenschaften aus, wie:

- flammenhemmende, selbstverlöschende Eigenschaften
- Selbstentzündungstemperaturen über 500°C
- Stabilität gegen Autooxidation im Oberflächentemperaturbereich bis ca. 300°C
- gute Schmiereigenschaften
- guten Korrosion- und Verschleißschutz
- gute Scher- und Alterungsstabilität
- geringe Schaumneigung

- wasserabweisende Eigenschaften (nicht emulgierend)
- gutes Luftabscheidevermögen
- niedrigen Dampfdruck

Um diese Eigenschaften zu erfüllen, werden normalerweise entsprechende Inhibitoren zur Verbesserung der Oxidationsstabilität, der Schäumungseigenschaften sowie zur Korrosionsvermeidung eingesetzt.

Zum Einsatz kommen auf Basis von Teerphenolen synthetisierte Phosphorsäureester sowie rein synthetische, bei denen alkylierte Phenole zu Triarylphosphorsäureestern umgesetzt werden. Der wesentliche Unterschied beider Phosphorsäureester besteht in deren Toxizität.

Während bei den aus Teerphenolen synthetisierten Phosphorsäureestern kein hochtoxisches Triorthokresylphosphat nachweisbar ist, enthalten diese Produkte andere, neurotoxische Triarylphosphorsäureester und deswegen werden die Anteile an Orthokresol entsprechend der Gefahrstoff-Verordnung vom 26. Oktober 1993, auf maximal zulässige Werte begrenzt.

Ein weiterer, wesentlicher Unterschied dieser beiden Phosphorsäureester besteht im Luftabscheidevermögen, welches bei synthetischen Flüssigkeiten schlechtere Werte aufweist.

Carbonsäureester, bestehen hauptsächlich aus Trimethylolpropanoleaten, entzünden sich bei höheren Temperaturen als Mineralöl, weisen jedoch eine wesentlich schlechtere Schwerbrennbarkeit, im Vergleich zu Phosphorsäureester, auf.

	Mineralöl	Ölsäureester	Phosphorsäure-ester
Flammpunkt °C	225	255–280	250
Brennpunkt °C	260	295–340	350
Selbstentzündungs-temperatur °C	330	400–430	550
auf Aluminium-schmelze 700 °C	brennt	brennt	feuerhemmend
Dochttest	brennt kontinuierlich	brennt kontinuierlich	selbstver-löschend

Tabelle 14: Brandverhalten von Mineralöl-Ölsäureester-Phosphorsäureester.

Tabelle 14 zeigt eine Charakterisierung des Brandverhaltens verschiedener Flüssigkeiten mit annähernd gleicher Viskosität. [124, S. 129]

Phosphorsäureester werden in die Wassergefährdungsklasse 1 eingestuft und die Entsorgung gebrauchter schwerbrennbarer Flüssigkeiten erfolgt getrennt von Altöl, als Sondermüll.

Möglich ist auch die Verbrennung in Sonderanlagen.

Versuchsreihen zur Pyrolyse von Phosphorsäureestern, bei Temperaturen zwischen 500–1000°C haben gezeigt, dass neben Kohlenmonoxid und organischen Pyrolyseprodukten, keine flüchtigen Brandgase entstehen.

Synthetische Phosphorsäureester sind biologisch abbaubar (über 80 %) und stellen somit für die Umwelt keine nennenswerte Gefahr dar. In den Kraftwerken werden schwerbrennbare Flüssigkeiten als Reglerflüssigkeiten eingesetzt, haben sich aber auch als Schmierstoff in Turbinenanlagen bewährt, bei welchen aus Sicherheitsgründen, die Vermeidung einer Brandgefahr strikt notwendig erscheint.

Die Mehrkosten, die durch den Austausch des Mineralöls durch schwerbrennbare Flüssigkeiten entstehen, sind wesentlich geringer als die Summe der Kosten für entsprechende Brandschutzmaßnahmen.

Um längere Einsatzzeiten im Betrieb der Turbinen zu erreichen, ist es sinnvoll, eine permanente Filtereinrichtung und ggf. eine Bleicherdebehandlung in den Umlaufkreis der Flüssigkeiten einzubauen. Dadurch können Alterungsprodukte und Verunreinigungen entfernt und somit ein sicherer Betrieb der Turboaggregate gesichert werden.

Bei Nachfüllungen ist ein Kompatibilitätstest zwingend, da es bei Unverträglichkeit zu schweren Störungen, bis zum Abschalten der Turbine kommen kann. [64] Die Mindestanforderungen für Reglerflüssigkeiten sind in DIN 51518 beschrieben.

4 Bewertungskriterien der Turbinenöle

4.1 Allgemeine Kenndaten

Im Schmierungs- und Reglersystem der Turbinen werden aufgrund der extremen Beanspruchungen höchste Anforderungen an die Öle gestellt.

Wegen der extremen mechanischen, thermischen und oxidativen Belastung müssen Turbinenöle neben mechanischen Eigenschaften, gute Alterungs-beständigkeit, optimales Demulgiervermögen, entsprechende Schäumungseigenschaften, Luftabscheidevermögen sowie Korrosionseigenschaften besitzen. Nur dadurch kann ein sicherer Betrieb der Turbinen im Schmier- und Reglerkreislauf gewährleistet werden. [5, 64, 66, 75, 110, 117 140]

Die Gesamtanforderungen an die Qualität der Turbinenöle, die in den Turboaggregaten moderner Kraftwerke zum Einsatz kommen, sind in Tabelle 6 (Kapitel 4) angeführt.

Tabelle 6 zeigt für die nach Viskosität unterschiedenen Turbinenöle sehr hohe Qualitätsanforderungen sowohl für die physikalisch-chemischen Eigenschaften, die in Kapitel 4.1 „Eigenschaften und Bewertungen" ausführlich beschrieben wurden, als auch für die Bewertungskriterien.

Die Bewertungskriterien nehmen dabei eine besondere Rolle ein, da diese für die Sicherheit im Betrieb von großer Bedeutung bezüglich Sicherheit und Wirtschaftlichkeit der Kraftwerke sind.

Die Oxidationsstabilität ist für die Alterung der Öle im Betrieb verantwortlich, und ursächlich für die Veränderungen der Werte einzelner Bewertungskriterien, die einzeln zwar sehr wichtig sind, jedoch nur in Korrelation zur Bewertung des Ölalterungs-Stadiums betrachtet werden sollten.

Es sollte niemals nur ein Bewertungskriterium für wichtige Entscheidungen den Betrieb der Turbinenöle betreffend, herangezogen werden.

Neben den mechanisch-dynamischen Eigenschaften müssen die im Betrieb eingesetzten Turbinenöle eine Anzahl von physikalisch-chemischen Anforderungen erfüllen [67, 77, 85, 118, 152, 170].

- Die Qualität der Turbinenöle sollte derartige Alterungsbeständigkeit aufweisen, dass mit einer Ölfüllung bei Ölumlaufzahlen von 6 bis 10 h^{-1} über 100.000 Betriebsstunden zu erwarten sein.
- -generelle Hydrolysebeständigkeit, ganz besonders der im Öl befindlichen Additive
- -zuverlässige Schäumungseigenschaften
- -guten Korrosionsschutz der im Ölkreislauf befindlichen Metalle
- -gutes Demulgierverhalten und Luftabscheidevermögen

Wie schon erwähnt, werden diese Anforderungen an die Qualität der Turbinenöle, über ausgewählte Grundöle und entsprechende Additivierung erreicht, die grundsätzlich auf mehreren Wirkstofftypen beruht:

- Oxidationsinhibitoren
- Korrosionsschutzwirkstoffe

- Verschleißschutzadditive
- Entschäumerwirkstoffe

In der Vergangenheit wurde Zinkdialkyldithiophosphat (ZDTP) als ideale Kombination der Einzelwirkstoffe angesehen. Wegen geringer Temperatur- und Hydrolysestabilität derartig legierter Turbinenöle ist diese Wirkstoffkombination unerwünscht, da im Betrieb erhebliche Störungen durch Ablagerungen, Schlammbildung, stabilen Schaum und Korrosion auftreten können.

Die Turbinenhersteller verbieten deswegen den Einsatz von Turbinenölen die ZDTP enthalten. [83, 114]

Von den Turbinenölen wird eine optimale Neuöl-Qualität erwartet, um den sicheren Betrieb der Dampfturbinen zu gewährleisten. Derartige Anforderungen können jedoch nur durch eine genaue Kenntnis der Turbinenöle sowie der für den sicheren Betrieb der Turboaggregate herangezogenen Bewertungskriterien erfüllt werden.

Wenngleich den Herstellungsverfahren der Öle eine wichtige Rolle bei den Bemühungen zur permanenten Qualitätsverbesserung zukommt, so ist die Überwachung der Ölqualität, d. h. die Art der angewandten Bewertungskriterien, deren Wertekorrelation und ganz besonders die Festlegung der Grenzwerte der Öle für den sicheren Betrieb der Schmierungs- und Reglersysteme, zwingend und entscheidend.

Um zuverlässige und aussagekräftige Ergebnisse zu erhalten, werden zahlreiche und sehr unterschiedliche Labormethoden herangezogen. Zu den wichtigsten zählen für Turbinenöle das Oxidationsverhalten, die Schäumungseigenschaften, die Demulgierbarkeit, das Luftabscheidevermögen sowie die Korrosionseigenschaften und Verschleißschutz.

4.2 Schäumungseigenschaften

Bei den Schäumungseigenschaften, die nach ASTM D 892 bestimmt werden, gilt es sowohl die Schaumneigung als auch die Schaumstabilität zu bewerten.

Der Oberflächenschaum wird von denjenigen Luftbläschen gebildet, deren Durchmesser 1 mm und größer ist; diese erreichen rapid die Oberfläche, expandieren und vereinen sich zu Schaum. Anders als bei den Luft-in-Öl-Dispersionen, bei denen sphärische Luftbläschen fein im Öl dispergieren, und bei welchen das Luftabscheidevermögen durch Additive nicht verbessert werden kann, gelingt es beim Oberflächenschaum durch Entschäumer die Schaumbildung zu reduzieren oder gar zu verhindern.

Hierfür stehen verschiedene Techniken zur Verfügung, bei welchen man, abhängig von Art und Wirkungsweise, zwischen mechanischen, thermischen und chemischen Schaumbekämpfungsvarianten unterscheidet.

Bei mechanischen Schaumzerstörungsverfahren werden beispielsweise rotierende Propeller oder Lochscheiben in den Schaum getaucht. Derartige Einbauten bewirken starke Verformungen der Schaumlamellen, dadurch eine forcierte Drainage innerlamellarer Flüssigkeit und eine Reduktion der Grenzflächenbelegung. [51, 55, 59, 143]

Bei der thermischen Schaumzerstörung wird dem Schaum thermische Energie, wie z. B. über heißen Dampf, zugeführt und die partielle Flüssigkeitsverdunstung in den Lamellen sowie die durch Temperaturerhöhung bedingte Viskositätsverringerung führt zum Zusammenbruch des Schaums. Derartige Techniken kommen jedoch relativ selten zum Einsatz.

Die am meisten verbreitete Schaumzerstörungstechnik besteht in der Nutzung chemischer Substanzen. Die Wirkung der in der Praxis eingesetzten Entschäumer ist von zahlreichen physikalisch-chemischen Parametern abhängig. Dabei spielen neben Löslichkeitsverhalten der Schauminhibitoren auch die Oberflächenaktivität sowie die Fähigkeit zur Ausbildung polymolekularer Filme auf der Oberfläche der schäumenden Flüssigkeit, eine bedeutende Rolle. [56, 100]

Für Turbinenöle kommen heterogene Schauminhibitoren zum Einsatz, d. h. grenzflächenaktive Substanzen, welche selbst keine schaumstabilisierende Wirkung aufweisen und in den Ölen unlöslich sind.

Besonders hierfür geeignet sind Polysiloxanverbindungen, wie im Kapitel Additive beschrieben. [9, S. 228; 53, 76, 135]

Aufgrund ihrer chemischen Struktur gekennzeichnet durch unpolare Methylgruppen und polare Sauerstoffatome stellen Polymethylsiloxane lyophobe (lösungsmittelabstoßend) Substanzen dar, die sowohl bei wässrigen als auch nicht-wässrigen Schäumen zur Schauminhibierung eingesetzt werden.

Polysiloxane sind als sehr effektive Entschäumer in nichtwässrigen Medien bekannt, haben aber einen negativen Einfluss auf das Luftabscheidevermögen der Öle.

Polyacrylate hingegen beeinflussen das Luftabscheidevermögen nicht, zeigen aber dafür eine geringere Effizienz als Entschäumer.

Laut Shirlett |143] wirken Polysiloxane durch zwei Mechanismen als Entschäumer:

- Reduzierung der Grenzflächenspannung und dadurch kommt es zum Zusammenschluss der kleinen Luftblasen die sich dann als größere Luftblasen leichter trennen lassen
- Zerstörung der kleinen Luftbläschen durch ölunlösliche Additive im Öl

Zur eindeutigen Klärung der Wirkungsmechanismen der Entschäumer wurden zahlreiche Studien durchgeführt. [46, 48, 56, 99, 105, 100, 128, 133, 156, 159]

Die Ergebnisse der neuesten Forschungsarbeiten haben die Komplexität der Schäumungsprozesse aufgezeigt und der Spreitung (Fähigkeit von Ölen sich flächenmäßig auszubreiten) eine wichtige Rolle zugeschrieben und festgestellt, dass die Schaumdestabilisierung meist nur in relativ engen Teilbereichen gültig ist und somit keine verlässlichen, allgemein gültigen Erklärungen liefert.

Die Grundöle der legierten Turbinenöle, meistens Mineralöle, weisen eine ausgeprägte Schaumneigung jedoch keine Schaumstabilität auf. Eindringen von Wasser und Verunreinigungen können den Oberflächenschaum stabilisieren und somit den sicheren Betrieb einer Turbine gefährden. (70) und deswegen sind Nebenstromfiltrierungen der Öle im Betrieb sehr wichtig.

Ebenso haben, in den letzten Jahren, Methoden zur Partikelzählung und deren Größenverteilung eine immer größere Bedeutung auch für die Praxis erlangt.

Um die Schäumungsprozesse besser nachvollziehen zu können, wird in unten angeführter Abbildung 13 die Theorie der Luftbläschen im Öl, in Abhängigkeit von der kinematischen Viskosität, der Erdbeschleunigung und dem Luftblasendurchmesser, dargestellt. (85)

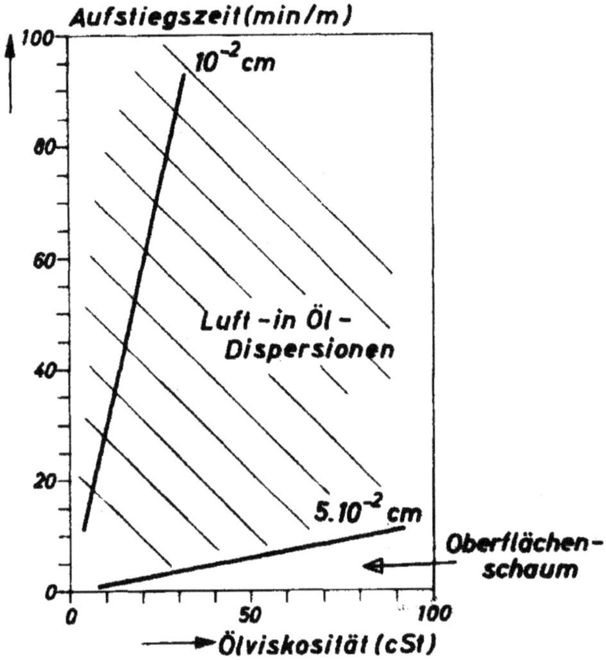

Theoretische Aufstiegszeiten von Luftblasen in Schmierölen in Abhängigkeit von Luftblasendurchmesser und Ölviskosität

Abb. 13: Aufstiegszeiten der Luftbläschen im Öl

Generell haben Luftbläschen mit größerem Durchmesser, bei gleicher Viskosität, kürzere Aufstiegszeiten.

Bei gleichem Durchmesser verlängert sich die Aufstiegszeit der Luftbläschen mit der Viskosität, d. h., je höher die Viskosität, umso länger die Aufstiegszeit.

4.3 Luftabscheidevermögen

Wie schon vorhin erwähnt, ist dispergierte Luft in Öl eine Situation, die besonders im Reglersystem zu großen Problemen führen kann. [3, 67, 86, 99, 159]

Mineralöle können bis zu 10 % vol. gelöste Luft enthalten. Außerdem können Öle auch Luft absorbieren, die sich als dispergierte Phase in der Ölmasse befindet. Die Fähigkeit eines Öles die dispergierte Luft wieder abzuscheiden, wird als Luftabscheidevermögen definiert.

Nach DIN 51381 versteht man darunter die Zeit, in der sich die im Öl dispergierte Luft bis auf einen Restgehalt von 0,2 % Vol. abscheidet.

Zunächst wird bei konstanter Öltemperatur (meist (50°C) die Dichte im Ruhezustand gemessen.

Zur Bildung der Luft-in-Öl-Dispersion wird 7 Minuten lang Druckluft durch eine Düse in die Ölprobe geleitet. Nach einer Wartezeit von 60 Sekunden wird alle 10 Sekunden die Dichte des Öl-Luft-Gemisches bestimmt.

Wenn 99,8 % des Ausgangswertes der Dichte erreicht sind, ist die Bestimmung beendet und die gemessene Zeit, in Minuten, ergibt das Luftabscheidevermögen der Ölprobe.

Das Luftabscheidevermögen hängt, bei einer bestimmten Temperatur, hauptsächlich von der Viskosität und der Grenzflächenspannung des Öles ab. Viskose Öle haben generell ein schlechteres Luftabscheidevermögen als dünnflüssige Öle gleicher Herkunft.

Dispergierte Luft, deren Menge auch von der Temperatur und konstruktiven Eigenheiten des Ölbehälters einer Turbine abhängig ist, kann sich auf den geregelten Betrieb einer Turbine, negativ auswirken.

Oxidationsstabilität
Die dispergierte Luft reduziert die Oxidationsstabilität der Öle und dadurch auch die gesamte Einsatzzeit der Öle im Betrieb.

Wegen der besonderen Bedeutung wird die Oxidation der Turbinenöle in Kapitel 6 ausführlich beschrieben.

Schmierfilmeigenschaften
Der Schmierfilm kann durch die dispergierte Luft unterbrochen werden und somit in den Gleitlagern einer Turbine, die mit einer Öl-Luft-Dispersion versorgt werden, zu einer Erhöhung der Lagertemperaturen und zur Störung des hydrodynamischen Schmierprozesses führen.

Kompressibilität
Dispergierte Luft im Öl kann im Regelsystem einer Turbine wegen der Kompressibilität des Hydraulikmediums zu starken Öldruckschwankungen führen, so dass ein dauerndes Pendeln der Regelung, einen Weiterbetrieb der Anlage unmöglich macht.

Antischaummittel verbessern selbst bei kleinsten Konzentrationen das Schaumverhalten, wobei sie andererseits das Luftabscheidevermögen verschlechtern. Ein Zusatz zur Verbesserung eines ungenügenden Luftabscheidevermögens ist bisher noch nicht bekannt. Die Erhöhung der Öltemperatur im Ölbehälter beschleunigt zwar die Abscheidung von Luft aus dem Öl und das Zusammenfallen des Oberflächenschaums, führt jedoch zu kürzeren Standzeiten der Ölfüllung.

4.4 Demulgiervermögen

Unter einer Emulsion versteht man ein Gemisch zweier Flüssigkeiten (Phasen), die normalerweise nicht mischbar sind. Die Phase, die die Tröpfchen bildet, nennt man innere oder auch disperse Phase und die Phase, in welcher die Tröpfchen sich bewegen, äußere oder auch kontinuierliche Phase. Abbildung 20 zeigt den Bereich der Wasser-in-Öl-Emulsionen, abhängig von der Tröpfchengröße (von 10^{-2} bis 10^{-1} cm) und der Ölviskosität bzw. die daraus resultierende Trennzeit (Demulgierungszeit) der gebildeten Emulsions-gemische. [85]

Das Demulgiervermögen ist die Zeit, die ein Öl-Wassergemisch bis zur Trennung benötigt, wobei die Zeit bis zur vollständigen Trennung der Phasen bzw. bis zu einer Restemulsion von 3 ml gemessen wird.

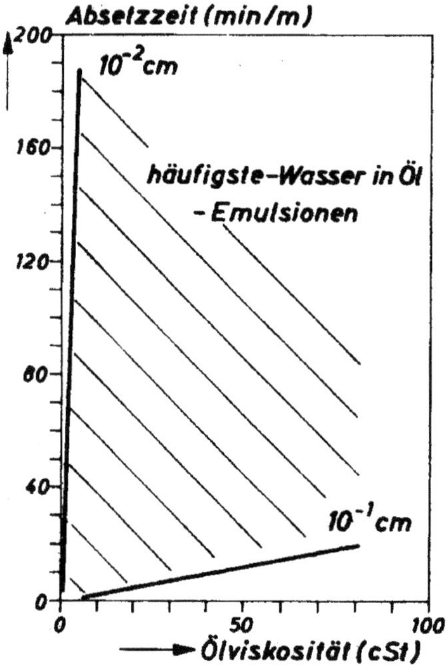

Theoretische Absetzzeit von Wassertröpfchen aus wasserhältigen Schmierölen in Abhängigkeit von Tropfendurchmesser und Ölviskosität

Abb. 14: Demulgiervermögen der Öle

Das Demulgiervermögen zählt, neben der Oxidationsstabilität, den Schäumungseigenschaften sowie dem Luftabscheidevermögen, zu den wichtigsten Bewertungskriterien für die Qualität der Turbinenöle. Um dieses Bewertungskriterium zu verstehen, wenden wir uns der Darstellung aus Abbildung 14 zu.

Emulsionen sind umso stabiler, je kleiner die dispergierten Wassertröpfchen und je kleiner die Oberflächenspannung an der Grenzfläche beider Phasen sind.

Emulsionen sind disperse Gemische mit begrenzter Lebensdauer, da die disperse Phase bestrebt ist sich durch Koaleszens (Verschmelzen bzw, Zusammen-wachsen von getrennten Teilen) zu größeren Bereichen zu vereinigen, wodurch die Grenzflächenspannung (Energie) verringert und die Emulsion gebrochen wird.

Ebenso erkennbar aus Abbildung 14 ist, dass die Viskosität der Öle indirekt proportional zu den Demulgierunszeiten steht. was auch die Verschlechterung der Demulgierungseigenschaften der Öle im Betrieb, durch den alterungsbedingten Viskositätsanstieg erklärt.

Die durch den Alterungsprozess der Öle im Betrieb entstehenden Oxidationsprodukte und Verunreinigungen wirken wie Emulgatoren und verschlechtern das Demulgiervermögen erheblich.

Die im Umlaufsystem der Turbinenöle im Betrieb gebildeten Emulsionen sind umso stabiler, je kleiner die Wassertröpfchen sind.

Grundöle zeigen wesentlich geringere Demulgierungszeiten als die legierten Öle, bei welchen Korrosionsinhibitoren und Zusätze zur Reibungsverminderung

zu einer sichtbaren Verschlechterung der Denulgierungsfähigkeiten beitragen. [85, 151]

Das Demulgiervermögen der Turbinenöle wird nach DIN 51599 (ISO 6614) bestimmt. Bei dieser Bestimmung werden gleiche Mengen des zu prüfenden Öles und Wasse (jeweils 40 ml), bei einer bestimmten Temperatur und durch Rühren bei bestimmter Drehzahl, intensiv miteinander vermischt. Es entstehen dabei Wasser-in-Öl-Emulsionen wie in Abbildung 15 erkennbar.

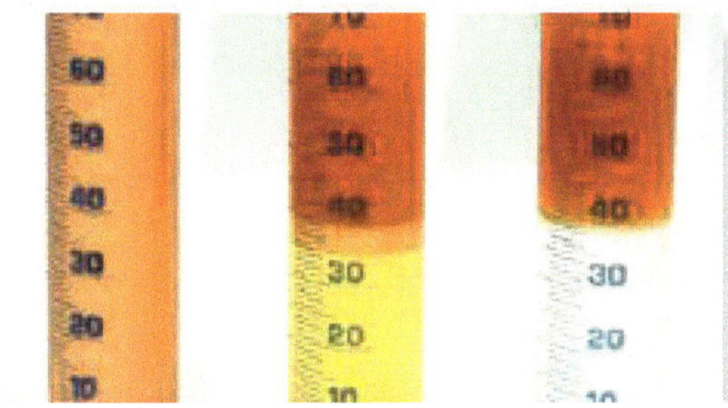

a b c

Abb. 15: Darstellung der Demulgierungsbestimmung nach DIN 51599

a = Emulsionsgemisch nach intensiver Phasenmischung
b = Phasentrennung aus Emulsion mit 3 ml Restemulsion
c = Die beiden Phasen Wasser und Öl vor Bestimmung des Demulgiervermögens

Es wird dabei die Zeit gemessen, die zur Trennung der beiden vermischten Phasen notwendig ist, das Ergebnis wird in Minuten (min) angegeben.

Nach Durchführung der Bestimmung des Demulgiervermögens bleibt die Ölphase, trotz guter Trennung der beiden Phasen, etwas trübe, was auf die Wassertropfen mit sehr kleinem Durchmesser zurückzuführen ist, die bei der Ölviskosität sehr lange Trennungszeiten benötigen, um sich abzusetzen (siehe Abbildung 20). Die Genauigkeit der Bestimmungen zeigt Tabelle 195. [124, S. 66]

Demulgiervermögen Minuten	Wiederholbarkeit	Vergleichbarkeit
bis 15	5	gemäß obiger Norm
über 15 bis 60	10	gemäß obiger Norm

Tabelle 15: Präzision bei Bestimmung des Demulgiervermögens

4.5 Verunreinigungen in Turbinenölen

Im Betrieb einer Turbine treten Verunreinigungen mit unterschiedlicher Zusammensetzung und Konzentration auf und haben, grundsätzlich, unerwünschte Auswirkungen wie:

- spontanes Abschalten oder Havarien der Turbinen
- verstärkten Verschleiß und dadurch eine Erhöhung der verbrauchten Leistung
- beschleunigte „Ölalterung" und somit eine Verkürzung der Einsatzzeit der Turbinenöle

Spontanes Abschalten oder Havarien können dann eintreten, wenn die Dimensionen der Verunreinigungen größer sind als der Reglerspalt.

Der Verschleiß wird größer, wenn die Verunreinigungen einen abrasiven Charakter aufweisen. Die „Ölalterung" kann über den damit zusammenhängenden Viskositätsanstieg, zu erhöhtem Leistungsverbrauch führen.

Eine wichtige Rolle im vorzeitigen Ölalterungsprozess spielt metallischer Abrieb, welcher nicht zuletzt wegen der großen Oberfläche einen deutlichen katalytischen Charakter aufweist und somit eine Beschleunigung der Oxidationsreaktionen bewirken kann.

Diese Kurzbeschreibung der Natur der Verunreinigungen sowie deren Auswirkungen zeigt, wie wichtig es ist, die Rolle der Verunreinigungen zu kennen, um dadurch einen sicheren Betrieb der Schmierungs-, aber besonders der Reglersysteme der Turbinen zu gewährleisten.

Allgemein ist bekannt, dass Verunreinigungen je nach Art und Menge, einen negativen Einfluss auf die Ergebnisse der wichtigsten Bewertungskriterien wie Demulgiervermögen, Luftabscheidevermögen, Schäumungseigenschaften und Oxidationsstabilität ausüben. [62, 70, 85]

Details zu Art und Intensität der Einflüsse von Verunreinigungen auf einzelne Bewertungskriterien sind in Kapitel 9 zusammengefasst.

4.6 Korrosionsschutz-Eigenschaften

Die Prüfung dieser Eigenschaften erfolgt nach der Norm ISO 7120 (DIN 51585). Über das Verfahren werden die Korrosionsschutz-Eigenschaften legierter Turbinenöle geprüft. Das Ergebnis zeigt die Korrosionsschutz-Eigenschaften der Neuöle und der Turbinenöle im Betrieb gegenüber Stahl in Gegenwart von Wasser oder Wasserdampf.

Hierfür werden 300 ml der Ölprobe mit 30 ml destilliertem Wasser 24 Stunden lang bei 60°C gemischt und es wird ein Stahlfinger bekannter Zusammensetzung in den Probebehälter eingetaucht.

Nach Ablauf der Versuchsdauer wird der Stahlfinger hinsichtlich Korrosionsangriff bewertet.

Der neue Stahlfinger links weist nach Korrosionseinsatz unterschiedlichen Korrosionsgrad bei den beiden Stahlfingern auf.

Das Ergebnis einer Stahlfinger-Korrosionsbestimmung ist in Abbildung 22 dargestellt.

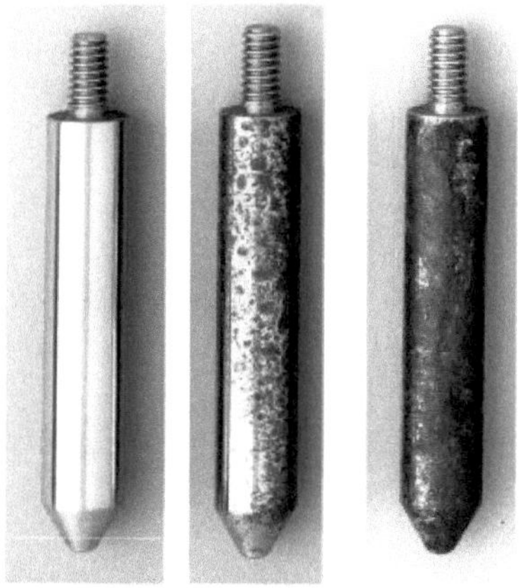

a b c

Abb. 16: Bewertung des Stahlfingerkorrosionstests, a = Stahlfinger neu: a, b= Stahlfinger korrodiert: b, c= Stahlfinger stark korrodiert: c

Die Prüfung der Korrosionsschutz-Eigenschaften kann nach dem Verfahren A durchgeführt werden, bei welchem destilliertes Wasser eingesetzt wird, oder nach Verfahren B, bei welchem synthetisches Meerwasser verwendet wird.

Der Korrosionsschutz wird über die Bewertung des korrosiven Angriffes auf den Stahlfinger eingestuft.

4.6.1 Korrosionsschutz gegenüber Kupferteilen

Diese Prüfung wird nach DIN 51759, Teil 1 durchgeführt, wobei die unter Versuchsbedingungen hervorgerufene Verfärbung an einem Kupferstreifen zur Bewertung der Korrosionsschutz-Eigenschaften herangezogen wird.

Bei diesem Korrosionstest wird ein geschliffener Kupferstreifen bei der im Verfahren festgelegten Temperatur in eine bestimmte Probenmenge des zu untersuchenden Öls eingetaucht. Nach Ablauf der Versuchsdauer wird der Kupferstreifen aus der Probe herausgenommen, gewaschen und der Korrosionsgrad mit Hilfe des ASTM-Vergleichsstreifens bestimmt.

ASTM-Standard zur Bewertung der Kupferstreifen-Korrosion

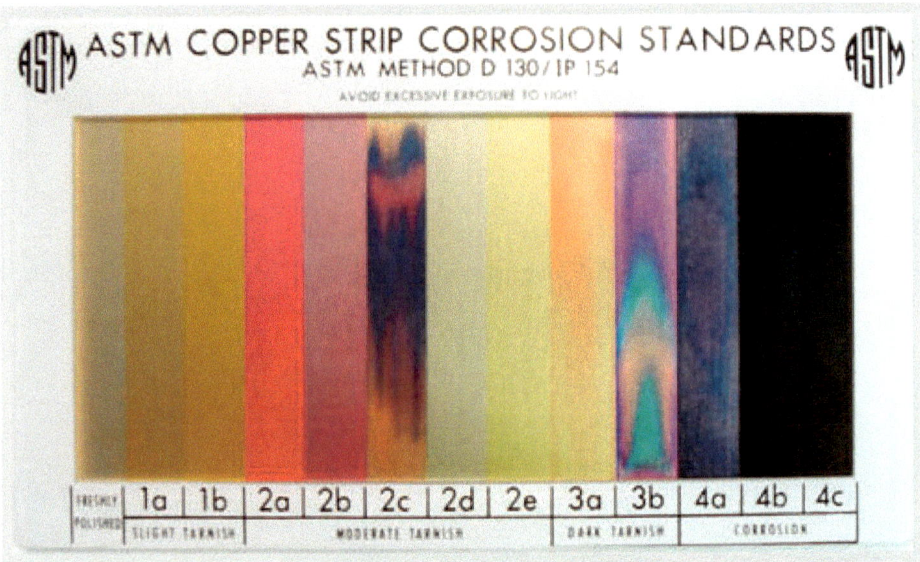

Die Ergebnisse der an Turbinenölen durchgeführten Kupferkorrosionstests sind in Abbildung 17 dargestellt und zeigen Bewertungen zwischen 1b und 4b, abhängig von dem Qualitätszustand der Öle.

Wie auch die Ergebnisse der Oxidationstests, der Schäumungseigenschaften, des Demulgiervermögens und des Luftabscheidevermögens zählen die Korrosionstests zu den wichtigsten Bestimmungen für die Sicherheit und Wirtschaftlichkeit der Turbinenöle im Betrieb.

Abb. 17: Bewertung des Kupferkorrosionstests

4.7 Mechanische Grenzbeanspruchbarkeit

4.7.1 FZG-Test

Diese Prüfung, nach DIN 51354 Teil 1 und 2, dient der Bestimmung der Grenzbeanspruchbarkeit der Öle (Veränderung durch Auftreten von Fressern und Riefen) sowie der Gewichtsveränderung an den Zahnflanken.

In dem zu prüfenden Öl werden definierte Zahnräder bei konstanter Drehzahl und festgelegter Öltemperatur stufenweise beansprucht. Nach jeder gesteigerten Kraftstufe werden die Veränderungen an den Zahnflanken bewertet. Die Gewichtsveränderung der Zahnräder kann wahlweise nach jeder Kraftstufe zur Bewertung herangezogen werden. Diese Prüfung wird als Grundprüfung für Turbinenöle empfohlen. Die Genauigkeit der Prüfung wird in Tabelle 17 wiedergegeben. [124, S. 76]

Wiederholbarkeit	Vergleichbarkeit
Keine Angaben	< 2 Kraftstufen

Tabelle 17: Präzision der FZG-Bestimmung

4.7.2 Vier-Kugel-Apparat (VKA-Test) nach DIN 51350

Sowohl in der Forschung als auch zur Qualitätskontrolle von Ölen, die druckstabil unter Einsatzbedingungen sein müssen, ist ein VKA-Test ein wichtiges Verfahren zur Beurteilung der Schmierwirkung eines Schmierstoffes unter hoher Druckbelastung.

Ebenso wird mit Hilfe des Vier-Kugel-Apparats die Wirksamkeit der entsprechenden Additive geprüft, welche den Schmierstoffen hinzugefügt werden. Dabei wird einerseits die Qualität des Schmierstoffes, der eine hohe Flächenpressung im Mischreibungsbereich zwischen relativ zueinander bewegten Oberflächen zulassen soll (EP-Additive), andererseits auch das Verschleißschutzverhalten (AW-Verhalten) der Schmierstoffe bei niedrigen Pressungen geprüft.

Wie in Abbildung 18 ersichtlich, wird der Schmierstoff in einem Vier-Kugel-System geprüft, welches aus folgenden Einzelteilen besteht:

Eine rotierende Kugel (Laufkugel) gleitet auf drei gleichen Kugeln (Standkugeln), die sich in einem Kugeltopf befinden und über einen Klemmring befestigt werden. Der Kugelhalter für die Laufkugel und die Prüfspindel schließen den apparativen Aufbau ab.

Die senkrechte Prüfspindel wird durch einen Elektromotor angetrieben und mit der prüfgerechten Drehzahl rotiert. Über einen Motorschutzschalter wird die Stromzufuhr unterbrochen, sobald die Prüfkugeln den Lauf durch Verschweißen blockieren.

Am unteren Teil der Prüfapparatur befindet sich ein Hebelmechanismus zur Einstellung der Prüfkraft. Diese wird durch einen senkrechten Stößel auf den Kugeltopf übertragen, wobei die Standkugeln gegen die Laufkugel gepresst werden. Diese Prüfung dient zur Ermittlung von Kennwerten in Bezug auf:

- Fressschädigung am tribologischen Kontakt nach DIN 51350-T2
- Verschleiß im Mischreibungsbereich nach DIN 51350-T3

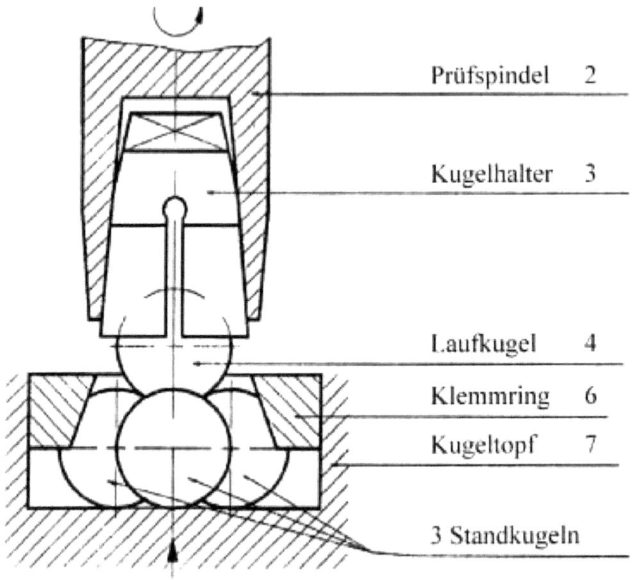

Abb. 18: Aufbau VKA-Test

Die Prüfungsparameter des VKA-Tests sind:

• Drehzahl	• 1420 U/min
• Prüfkraft	• 100 N bis 12.000 N
• Temperatur	• 20°C bis 150°C
• Kontaktgeometrie	• Punktberührung
• 4 x Kugel	• Ø 12,7 mm Werkstoff 100 Cr6 (HRC 63±3)
• Prüfdauer	• Ermittlung Fressverhalten 1 min (±1 s)

Da die Oxidationsstabilität eine der wichtigsten Eigenschaften der im Einsatz befindlichen Turbinenöle darstellt, besonders was die Sicherheit im Betrieb, aber auch die Wirtschaftlichkeit der Energieerzeugung betrifft, werden im nächsten Kapitel die theoretischen Grundlagen zur „Ölstabilität" aufgezeigt.

5 Die Oxidation der Öle

5.1 Kurze Einführung

Es ist bekannt, dass selbst Öle mit ausgezeichneter Oxidationsstabilität nicht absolut alterungsstabil sind, da sie durch den permanenten Kontakt mit Sauerstoff und thermischer Belastung einem Oxidationsprozess ausgesetzt sind.

Dieser „unerwünschte" Alterungsprozess der Öle ist nicht zu vermeiden und hängt von einer Reihe wichtiger Einflussgrößen ab, wie:

- Wärme
- Strahlungsenergie
- Lichteinwirkung
- Katalysatoren
- Verunreinigungen

Eine ganz besondere Rolle spielt bei der Ölalterung der Luftsauerstoff. Sauerstoff, selbst elektronegativ, der die Oxidationsreaktion auslöst, spielt die Rolle eines Elektronenakzeptors und begibt sich dabei, unter Energiefreisetzung, in einen energetisch niedrigeren Zustand. Die freigesetzte Energie erscheint als Reaktionswärme einer exothermen Reaktion, welche aber, im Vergleich zu den aus Reibung und Strahlung resultierenden Energien, vernachlässigbar klein ist. Wichtig ist hingegen, dass der Sauerstoff Kohlenwasserstoffelektronen aufnimmt, was für die Reaktionsmechanismen der Oxidationsreaktion bestimmend ist. Der Energietransfer, der in diesem Fall als Wärme in Erscheinung tritt, ist für die Intensität sowie die Richtung der ablaufenden Oxidationsreaktionen entscheidend. Somit ist es möglich zwischen Oxýdation bei niedrigen und bei hohen Temperaturen zu unterscheiden. Laut einiger Untersuchungen [33, S. 4] befindet sich die Grenze zwischen diesen beiden Bereichen bei 100–120°C. Die zweite Temperaturgrenze ist bei 150°C anzusetzen. Im Bereich zwischen diesen beiden Temperaturgrenzen nimmt die Intensität der Oxidationsreaktionen wesentlich zu, ohne dass sich die Richtung der Reaktionsabläufe ändert. Oberhalb 150–160°C steigt die Reaktionsintensität extrem, bei gleichzeitiger Änderung der Richtung der Reaktionsabläufe, was damit zu einer Änderung der Zusammensetzung der Oxidationsprodukte führt. Um das Verständnis der Oxidationsabläufe zu erleichtern, werden die einzelnen Kohlenwasserstoffverbindungen, die in die Zusammensetzung der Mineralöle eingehen, auf ihr Oxidationsverhalten geprüft. Genormte Methoden hierfür sind in Tabelle 21 zusammengefasst. [33, S. 16]

Es wird dabei die Alterungsbeständigkeit der in Kraftwerken eingesetzten Öle, d. h. Trafo- und Turbinenöle, über meist länderspezifisch unterschiedliche Prüfverfahren bestimmt.

Die Ölmengen, aber besonders die Prüfbedingungen und die Bewertungskriterien zur Oxidationsstabilität unterscheiden sich wesentlich.

Die Fachliteratur beschreibt zahlreiche Untersuchungen zur Oxidationsstabilität der Öle unter Anwendung verschiedener Apparate und Alterungsbedingungen.

[2, 15, 28, 34, 36, 57, 112, 154, 157, 158, 169]

Da aber die Testdauer meist sehr lang ist, wurde über zahlreiche Laborversuche ein bisher unerprobter Apparat [136] als Prototyp getestet, um über gesicherte Daten eine

Normierung und somit die Einführung einer rapiden Methode zu ermöglichen, die in kurzer Zeit aussagekräftige Ergebnisse liefert.

Eine derart rapide Methode zur Bestimmung der Oxidationsstabilität der Trafo- und Turbinenöle könnte zur Bewertung der Neuöle, aber besonders der Turbinenöle im Betrieb, in Situationen sehr hilfreich sein, in denen eine rasche Entscheidung zur Betriebssicherheit der Turbinen getroffen werden muss.

Details dazu werden im Kapitel „Laborversuche" angeführt.

Ebenso interessant sind die thermogravimetrischen Bestimmungen zur Ölstabilität unter Temperatureinfluss, d. h. bei der thermoanalytischen Methode wird die Veränderung der Ölprobenmasse in Abhängigkeit von der Temperatur und Zeit gemessen (Thermische Oxidation).

Nieschlag H. J. und Mitarbeiter [122] haben eine Reihe von thermo-gravimetrischen Bestimmungen zur Ölstabilität durchgeführt und dabei zahlreiche Erkenntnisse gewonnen.

Laut Nieschlag liefert die thermogravimetrische Methode bessere Hinweise zur Ölprobenveränderung als die DSC (Differential Scanning Calorimetry). Dabei stellt das Temperaturprogramm einen Vorteil gegenüber einer isothermischen Methode dar, außerdem ist die Untersuchungszeit kürzer und der zur Probenreaktivität genutzte Bereich ist ebenfalls größer.

NIESCHLAG nutzte zur Bestimmung der Ölstabilität ein Perkin-Elmer-TGS-1-Gerät in Verbindung mit einem DSC-1B und kalibrierte dabei die Waage derart, dass maximal 10 mg gewogen werden.

Der Sauerstoffdurchfluss der Proben betrug 35-40 ml/Minute. Nach genauer Gewichtsmessung der Probe wurde diese auf 70°C erhitzt und nach Erreichen einer stabilen Basislinie wurde die Temperatur der Probe um 5°C/min. auf 200–250°C erhöht. Abb. 19 zeigt den genauen Verlauf der Temperaturlinie während der Bestimmung der Oxidationsstabilität der Ölprobe.

Die Linie von A nach B zeigt einen Verlust leichtflüchtiger Komponenten, die sich aber nicht in jeder Probe befinden.

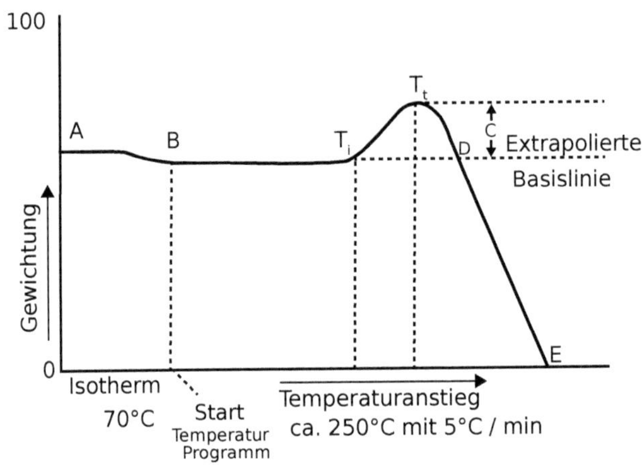

Abb. 19: Verlauf einer thermogravimetrischen Aufzeichnung

Das Temperaturprogramm wird ab Punkt B gestartet und die Ölprobe verhält sich bis zum Punkt T_i stabil und ergibt eine gerade Linie, die analog zur „Induktionsperiode" der klassischen Oxidationsmethoden angesehen werden kann. Der Punkt T_i wird als „Initierungstemperatur" bezeichnet, d. h. der Temperaturpunkt, ab welchem die Oxidation rapide fortschreitet, verbunden mit einem Gewichtanstieg bis zu Punkt T_t („Transittemperatur"), bei welcher die Verlaufskurve das Maximum des Gewichtsanstiegs der Ölprobe anzeigt.

Jenseits des Punktes T_t beginnt die Zersetzung der Ölprobe und damit der Gewichtsabfall über Punkt D bis zum Punkt E, dem Ende der Aufzeichnungen.

Wird der Kurvenverlauf zwischen T_i und T_t extrapoliert, so zeigt uns die Höhe C den Gewichtsanstieg der Probe in µg/°C und ist ein Maß der Oxidationsreaktionen in der Ölprobe. Die Geschwindigkeit, mit welcher die Ölprobe vom Punkt T_t nach Punkt D verläuft, wird als charakteristische Reaktionsgeschwindigkeit der Ölprobe bezeichnet.

Diese Methode wurde sowohl für Neuöle als auch für Öle im Betrieb herangezogen, um den Zustand eines Öles zu messen und daraus wichtige Daten, bezüglich des weiteren Einsatzes eines Öles, ableiten zu können. Die Basis dafür sind die, jeweils für ein bestimmtes Öl abgeleitete Versuchsergebnisse, die auch statistisch abgesichert sein müssen, um Prognosen abgeben zu können.

Die Validierung derartiger Methoden kann aber nur durch den direkten Vergleich zu anerkannten, genormten Methoden geschehen, wobei das größte Problem die Zuverlässigkeit der Aussagen zur Oxidationsstabilität der Öle bleibt.

Die Gewichtabnahme bzw. -zunahme und die Temperatur, bei welcher die Gewichtsveränderung stattfindet, kann spezifisch für eine untersuchte Probe sein und daraus können Rückschlüsse auf die Zusammensetzung einer Probe und somit auf deren Oxidationsstabilität gezogen werden.

Die Zusammensetzung bzw. Struktur der Mineralöle ist direkt für das Oxidationsverhalten verantwortlich. [6, 29, 45, 58, 74, 95, 113, 120, 126, 161]

Die einzelnen Oxidationsmethoden, die speziell im Energiebereich zur Anwendung kommen, sind in Tabelle 18 zusammengefasst. [33]

Um ein besseres Verständnis für diesen Zusammenhang zu schaffen, werden in nachfolgendem Kapitel die einzelnen Kohlenwasserstoffverbindungen wie Normal- und Iso-Paraffine, penta- und hexacyklische Naphthene und aromatische Kohlenwasserstoffe im Oxidationsprozess betrachtet.

Oxydations-Methoden	BAM	BAADER	TOST	BBC	BS489/55	IEC	Michie	Wood River	ASEA	SEV	ÖVE-W
							BS 148/59		Schweden	Schweiz	50/1951
IP	48/62		157/64		114/56T	56/64					
ASTM			D943/54			D1314/54		D2272			
DIN		51554	51587								
Angewandt für	Motoren-Öle	Turb./Trafo unlegiert	Turbinenöle legiert	Turbinenöle	Turbinenøle	Trafo-Öle	Trafo-Öle	Turbinenöle	Trafo-Öle	Trafo-Öle	Trafo-Öle
Ölmenge	40ml	60ml	300ml	200ml	100g	25g	100g	60ml	60g	1000ml	150g
Temperatur°C	200	95	95		110	100	150	150	100	110	120
Luft	15l/h	Luft			2l/h		2l/h				
Sauerstoff			3 l/h			1 l/h		90psi	1 l/h		Sauerstoff
Katalysator		Cu Draht	Cu/Fe Draht	Cu Blech	0,33 cm^2 Cu pro 1g Öl	Cu Draht	Cu Blech	Cu Draht	Fe/Cu	Cu Behälter	
Dauer, h	2x6	72 und 600	1000 oder NZ=2	72	90	164	45	Induktions-periode	100	168	70
Ergebnis-bewertung	Viskositäts-Anstieg	VZ/ bzw. Schlamm und Tgδ/ 90°	NZ	NZ, VZ Schlamm Emulsion	NZ<0,2	NZ In n-C7 unlöslich	NZ Schlamm	Abfall Induk-tionsperiode	NZ Schlamm	Schlamm	NZ, VZ Normalbenzin unlöslich
Bemerkungen			mit 60ml dest. Wasser						Spannung 10kV		3-5 mal 70h

Tabelle 18: Genormte Oxidationsmethoden

5.2 Allgemeine Grundlagen zur Oxidation der Kohlenwasserstoffe

Die Fachliteratur beschreibt in diesen Zusammenhang zwei Richtungen:

a. Es werden Einzelkohlenwasserstoffe, deren Vorhandensein im Öl vorausgesetzt wird, auf ihr Oxidationsverhalten untersucht. [8, 10, 12, 80, 141, 147, 148, 168]
b. Es werden Kohlenwasserstoffgruppen, die im Öl nachgewiesen wurden, auf ihre Oxidationsstabilität geprüft. [19, 20, 23, 39, 41, 44, 49, 87, 88, 127, 149, 150, 165]

Normalerweise werden beide Methoden zur Bewertung herangezogen, doch bei der Interpretation der Ergebnisse muss berücksichtigt werden, dass Einzelkohlenwasserstoffe sich im Oxidationsprozess anders als ihre Mischungen verhalten.

Bei den aromatischen Kohlenwasserstoffen zeigen die Monoaromaten die beste Oxidationsstabilität, die dann über Diaromaten hin zu Triaromaten abnimmt.

Der Oxidationsablauf ist bei Alkanen, Cykloalkanen sowie bei Alkylaromaten autokatalytisch. Genauere Untersuchungen des Ablaufes der autooxidativen Ölalterung haben zu der Beobachtung geführt, dass zu Beginn der „Alterung" die Sauerstoffabsorbtion äußerst langsam abläuft, danach aber die Geschwindigkeit der Oxidationsreaktionen immer größer wird.

Grundsätzlich wird der Oxidationsverlauf durch Energiezufuhr (Wärme oder Strahlungsenergie) ausgelöst, aus Kohlenwasserstoffmolekülen wird ein Wasserstoffatom abgespalten, das so entstandene freie Radikal R° nimmt ein Sauerstoffmolekül auf und bildet ein reaktives Peroxid-Radikal (ROO°).

Die Peroxid-Radikale greifen neutrale Kohlenwasserstoff-Moleküle an und bilden Hydroperoxiden (ROOH), es bilden sich ebenso erneut Kohlenwasserstoff-Radikale, die entweder mit neuen Sauerstoffmolekülen reagieren oder in die Folgeprozesse eingreifen. Eine detaillierte Beschreibung der Abläufe ist den entsprechenden Kapiteln zu entnehmen.

Pass F. [125] hat nach eingehenden Oxidationsstudien für einzelne Kohlenwasserstoffklassen Reaktionsmechanismen zur Ölalterung vorgeschlagen, die in den Abbildungen 20 bis 24 veranschaulicht werden.

5.2.1 Oxidation der n-Paraffine

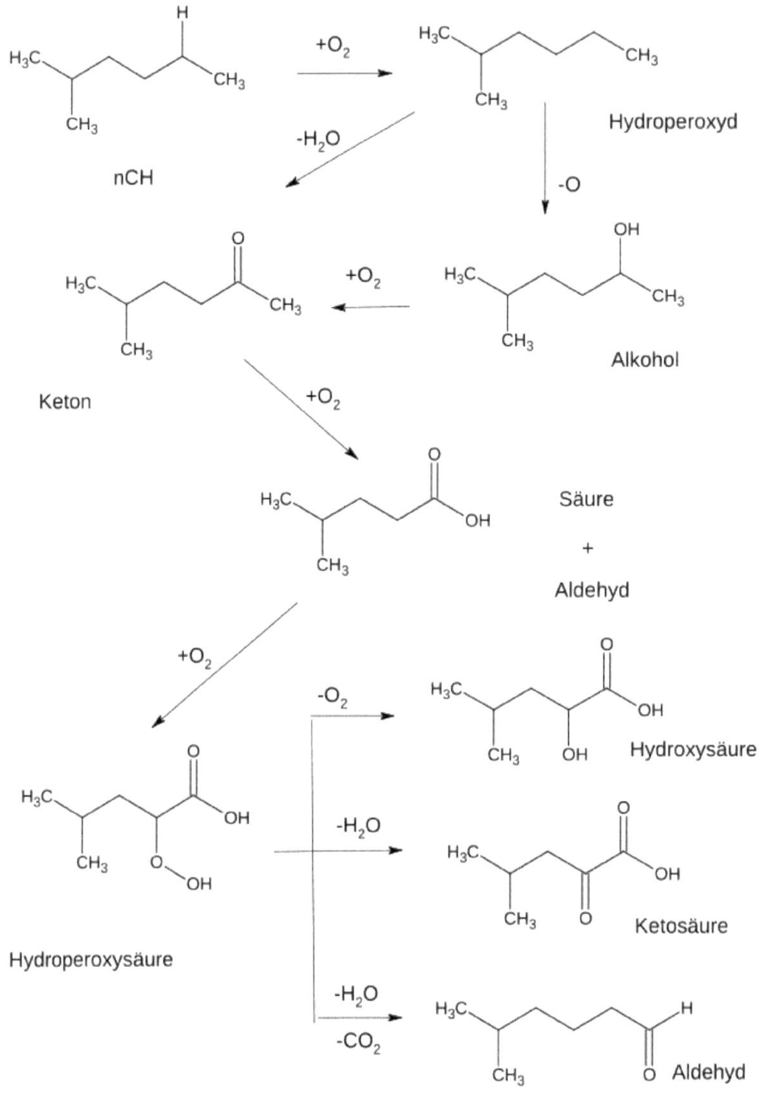

Abb. 20: Oxidation der n-Paraffine

5.2.2. Oxidation der i-Paraffine

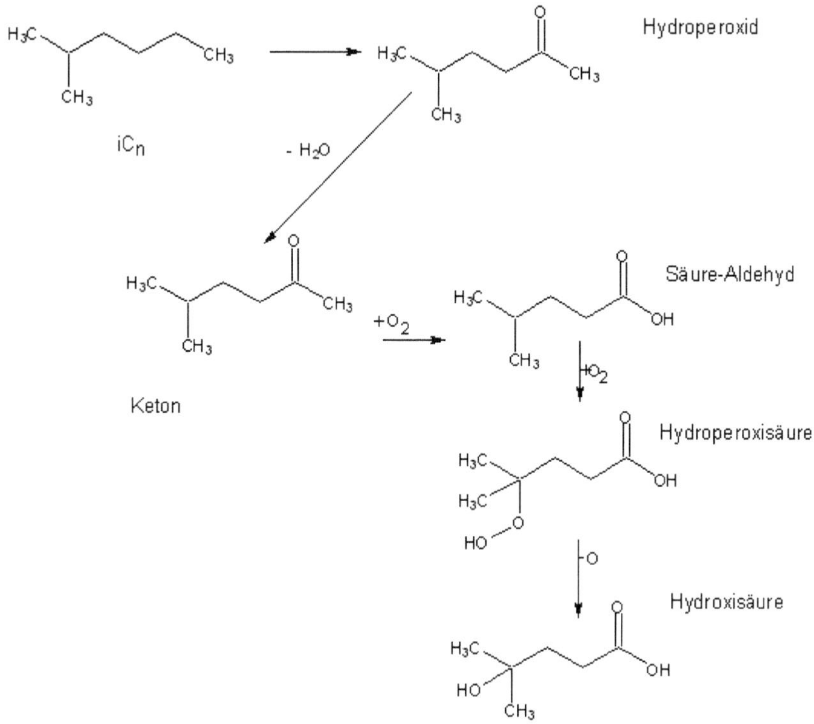

Abb. 21: Oxidation der i-Paraffine

Auch in diesem Fall läuft die Reaktion von einem Hydroperoxid über Alkohol- und Ketonbildung bis zu einer entsprechenden Säure. Die Hydroperoxisäure entsteht in diesem Fall wesentlich leichter, dank der Verzweigungsstelle im Molekel.

Wenn das Verhalten der Cykloparaffine, d. h. der naphthenischen Kohlenwasserstoffe, anhand des in Abbildung 22 wiedergegebenen Beispiels eines 1,4,di-substituierten Cyclohexans verfolgt wird, so ist erkennbar, dass der Sauerstoffangriff an dem Kohlenstoffatom, an welches die Seitenkette gebunden ist, stattfindet.

5.2.3 Oxidation der Naphthene

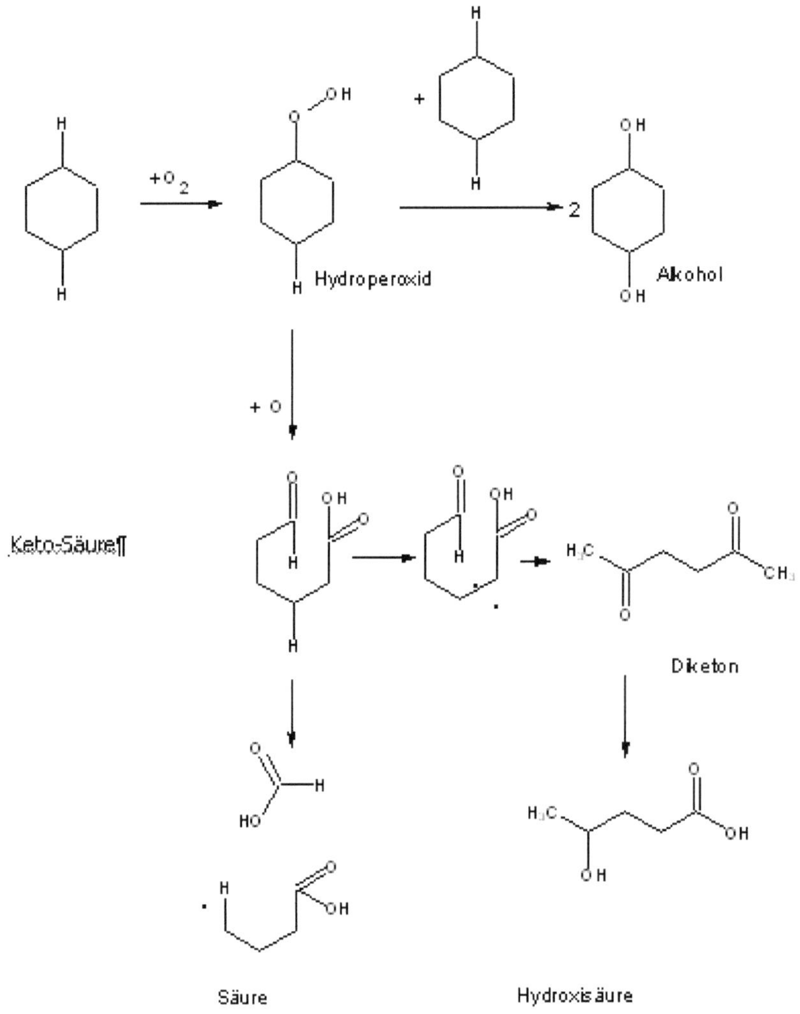

Abb. 22: Oxidation der Naphthene

Auch hier führt die Oxidation zu einem Alkohol und Keton, aber nur bei gleichzeitiger Cyklusöffnung. Das Ende der so gebildeten Kette ist eine für den Sauerstoff sehr günstige „Angriffsstelle", woraus eine e-**Ketocarbonsäure** resultiert.

Durch Oxidation der verzweigten Zone der Kette bildet sich eine e-**Keto**-b-**Peroxysäure**. Wenn der Zerfall dieses Hydroperoxids direkt zu einem Keton oder einer alkoholischen Verbindung führt, die ihrerseits weiter oxidiert wird, dann kann sich ein Diketon oder eine Hydroxysäure bilden. Durch einen Kohlenstoff-Kettenbruch kann sich schon aus dem primären Hydroxiperoxid bzw. aus der e-**Ketocarbonsäure** (als Zwischenprodukt) eine verzweigte Carbonsäure bilden, die äußerst oxidationsanfällig ist.

Bei pentacyklischen Naphthenen setzt die Oxidation auch an dem Kohlenstoffatom ein, an welches die Seitenkette anknüpft. Der schematische Ablauf der Oxidationsreaktionen ist aus Abb. 23 ersichtlich.

5.2.3.1 Oxidation der pentacyklischen Naphthene

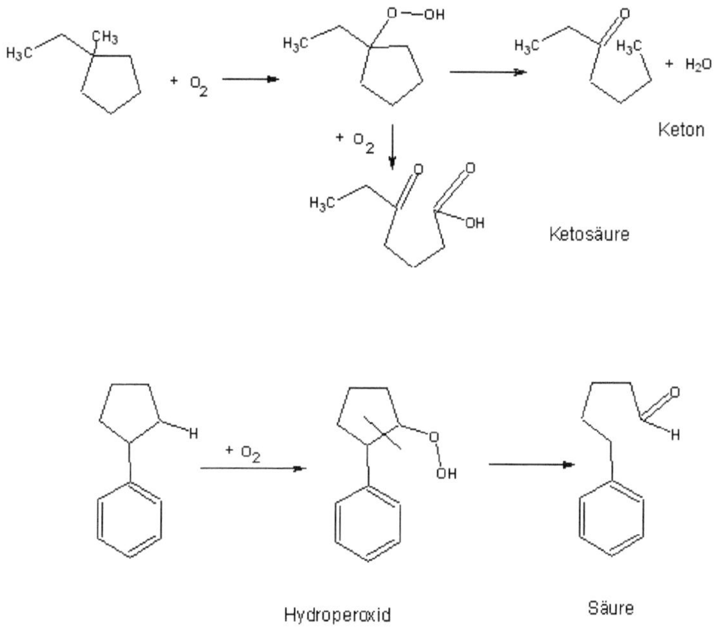

Abb. 23: Oxidation der pentacyklischen Naphthene

Auch in diesem Fall ist der Reaktionsablauf bis zu einem Keton nur bei gleichzeitigem Öffnen des Cyklus möglich. Wenn in der Oxidationsphase genügend Sauerstoff vorhanden ist, dann bildet sich d-**Ketocarbonsäure**. Unter Einfluss aromatischer Substituenten wird eine Öffnung des Cyklus eines Cycloparaffins bei gleichzeitiger Hydroperoxidbildung möglich. Organische Verbindungen zeigen eine Tendenz zur Hydroperoxidbildung bei einem Kohlenstoffatom in „a"-Stellung zur Seitenkette. Der Ablauf derartiger Oxidationsreaktionen kann in Abbildung 24 verfolgt werden.

5.2.4 Oxidation der Aromaten

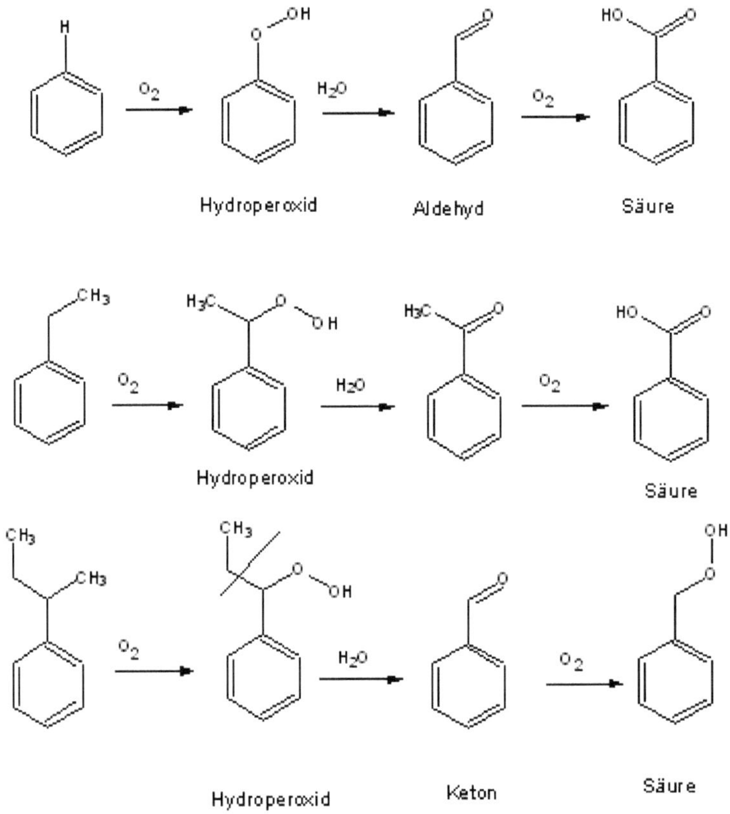

Abb. 24: Oxidation aromatischer Kohlenwasserstoffe

Die Oxidationsreaktion findet mit einer bemerkenswerten Anfangsgeschwindigkeit statt, ganz besonders dann, wenn bei dem Kohlenstoffatom in „a"-Stellung ebenso eine Verzweigung der Kette existiert und wenn die Seitenketten sich in derselben Ebene mit dem aromatischen Atomkern befinden.

Betrachtet man die schematischen Abläufe der Oxidationsreaktionen unterschiedlicher Kohlenwasserstoffe, so fällt dabei auf, dass die Peroxide und Hydroperoxide im Ablauf der „Alterungsprozesse" eine ganz besondere Rolle spielen. Aus diesem Grund lohnt es sich, die „Träger" der Oxidationsreaktionen näher zu betrachten.

5.3 Zersetzung der Peroxide

Da die Peroxide die Initiatoren der radikalischen Autooxidation darstellen, ist es wichtig, die Faktoren zu kennen, die bestimmend auf die Zersetzungsgeschwindigkeit einwirken. So sind z. B. Dialkylperoxide stabiler als Alkylperoxide und gleichzeitig weniger anfällig gegenüber dem Medium, in welchem die Reaktion abläuft. In beiden Fällen ist die „O-O"-Bindung die schwächste und die Peroxidspaltung führt in diesem Fall zu Alkoxy- und Hydroxyradikalen.

Alkoxy- und Hydroxiradikale bestimmen den Reaktionsmechanismus der Auto-Oxidation.

R O—O R'→ R O· + · O R'

Im Falle eines Dialkyls ist der Verzweigungseffekt der Kette bemerkenswert und hängt dabei von der Stärke der Peroxidbindung ab. [11, 42, 43, 79]

Hanst P. L. und Calvert J. G. [78] haben die Bindungsenergien für eine Reihe von Dialkylperoxiden bestimmt. Die Werte sind in Tabelle 19 zusammengefasst.

Radikal	**A (Sek^{-1})**	**E (kcal/ mol)**
C H_3	2,4 x 10^{15}	36,1
C H_3¾C H_2	1,6 x 10^{14}	34,1
C H_3¾C H_2-C H_2	2,5 x 10^{15}	36,5
(C H_3)$_3$ C	4,0 x 10^{15}	37,5

Tabelle 19: Bindungsenergien nach Hanst und Calvert

Der geringe Wert der peroxidischen Bindungsenergie im Falle der Diethyl- und Dipropylperoxide zeigt, dass bei einer Temperatur von 100°C die Zersetzungsgeschwindigkeit der n-Alkylperoxide deutlich größer ist als die der Tert-Alkylperoxide. Selbst bei einer Temperatur von 130°C ist die Zersetzungs-geschwindigkeit (A) der Diethylperoxide immer noch ca. 10-mal größer als die der Tert-Butylperoxide.

Wie Scott G. [139] gezeigt hat, erfolgt die thermische und katalytische Spaltung der Peroxide über drei Reaktionen, die zur Bildung von Alkoxiradikalen führen:

1. Reduktion durch ein Lösungsmittel oder ein Peroxid; eine Reaktion, die zur Bildung eines Alkohols führt.

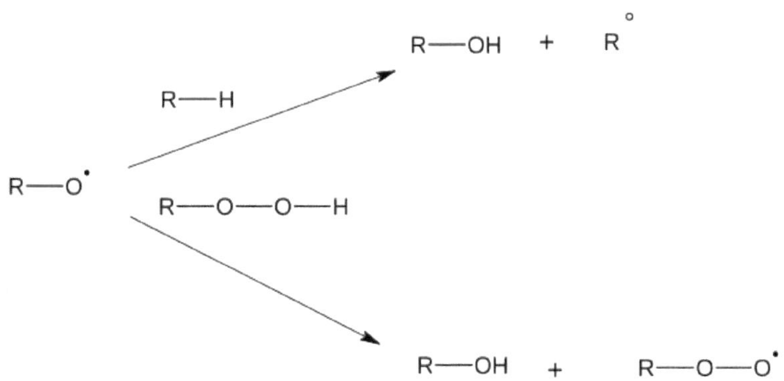

2. Oxidation durch ein Radikal, welches sich im Reaktionssystem befindet, was zu einer Carbonylverbindung führt. Diese Reaktion spielt sich nur im Falle primärer und sekundärer Alkoxiradikale ab.

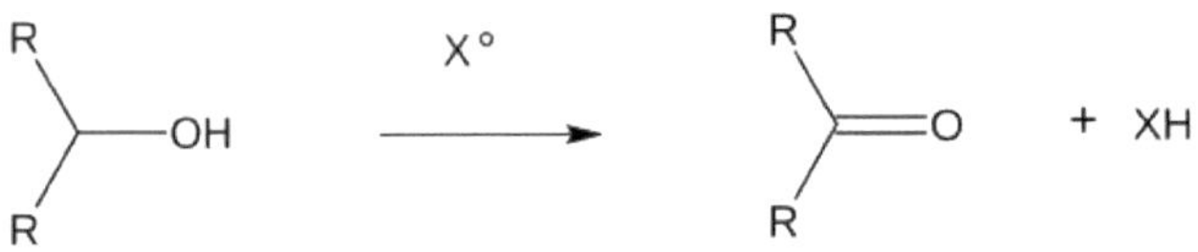

Wenn X° selbst ein Alkoxiradikal ist, dann findet eine Disproportionierungsreaktion statt (43) und das so erhaltene Reaktionsprodukt stellt ein äquimolares Gemisch aus Alkoholen und Aldehyden dar.

3. Eliminierungsreaktion eines radikalischen Fragments und dadurch die Bildung einer stabilen Verbindung.

Nach zahlreichen Untersuchungen sind Gray P. und Williams E. (73) zu dem Schluss gelangt, dass Alkoxiradikale über folgende drei Reaktionstypen verschwinden können:

1. Assoziation mit einem anderen freien Radikal, welches identisch oder unterschiedlich sein kann.

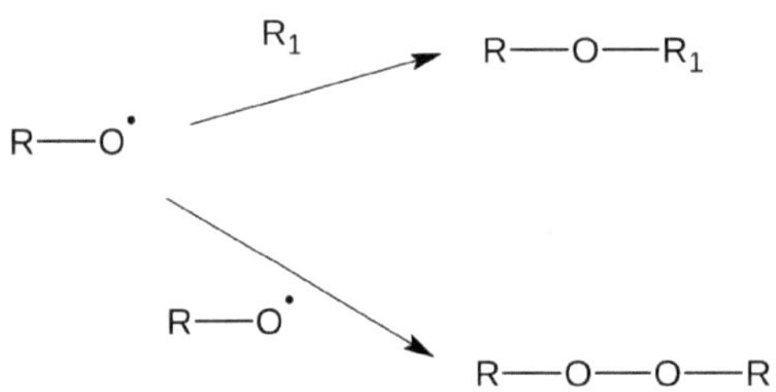

2. Umlagerung des Kohlenstoffes gegenüber dem Sauerstoff

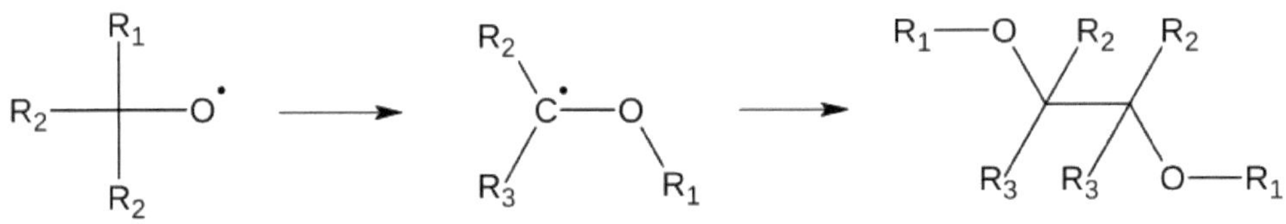

Diese Reaktion findet nur statt, wenn R_1 R_2 und R_3 Arylreste sind.

3. Addition an der Doppelbindung

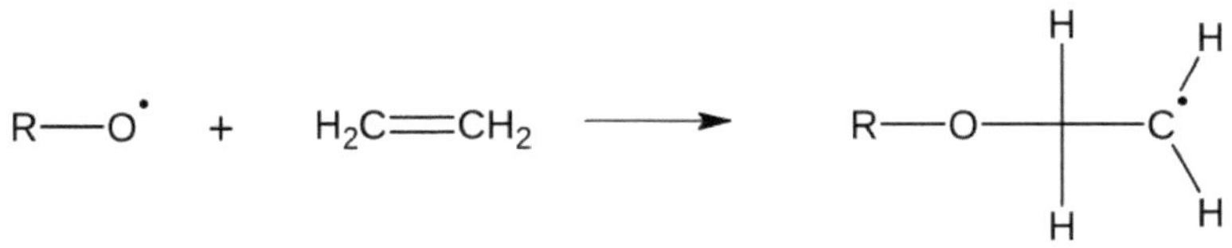

5.4 Die Bildung der Hydroperoxide

Um den komplizierten Bereich der Kinetik der oxidativen Alterung der Kohlenwasserstoffe besser verstehen zu können empfiehlt es sich Abbildung 25 etwas näher zu betrachten.

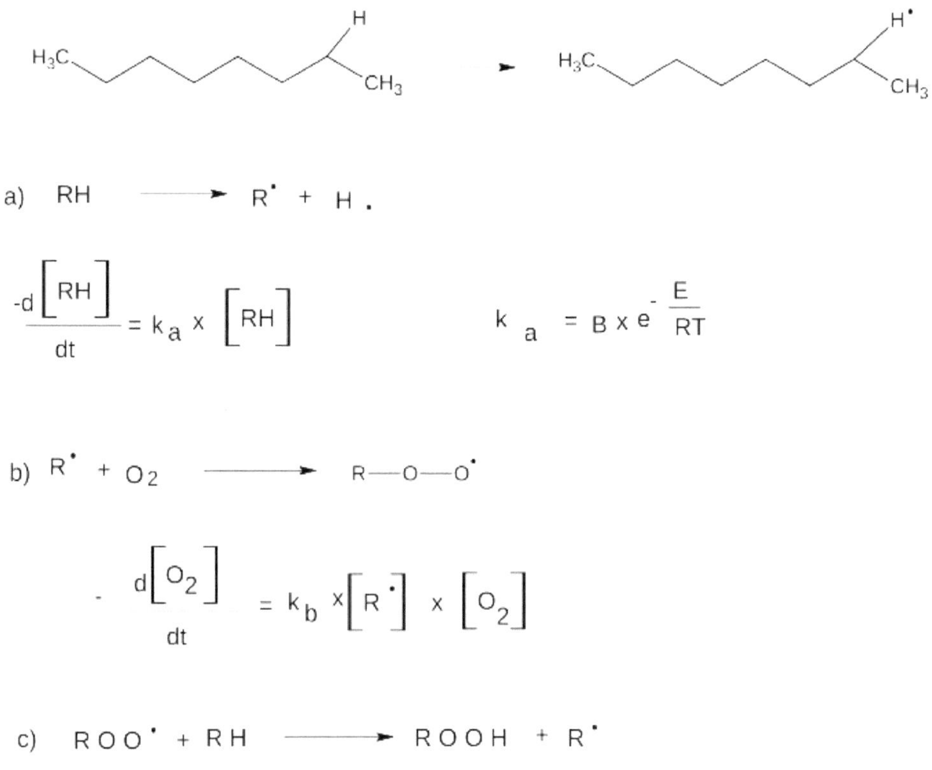

Abb. 25: Hydroperoxidbildung

Mit RH wird der ursprüngliche Kohlenwasserstoff beschrieben und mit R° der Kohlenwasserstoff-Rest, der den Oxidationsprozess über Hydroperoxidbildung und Hydroperoxidzersetzung zu einem Alkohol oder Carbonylverbindung führt. Die Startreaktion zur Bildung einer Oxidationskette besteht in der Abtrennung eines Wasserstoffatoms. Der dadurch verbliebene Rest **R°** stellt eine äußerst reaktive Stelle für das Kohlenstoffatom dar, von welchem das Wasserstoffatom abgetrennt wurde. Für diese Reaktion erster

Ordnung ist die Reaktionsgeschwindigkeit **-d(RH)/dt** proportional mit der Konzentration des Kohlenwasserstoffes **(RH)**.

Die Größe der Proportionalitätskonstante hängt von der Energie **E** ab, die nötig ist, um die Bindung **C-H** zu trennen, weiterhin von der räumlichen Anordnung des Moleküls **RH,** ausgedrückt durch die Konstante **B** und die Reaktionstemperatur **T**. Durch diese Erkenntnis wurde klar, dass die Tendenz zur Bildung der Hydroperoxide für die einzelnen Kohlenwasserstofftypen unterschiedlich ist und sich, abhängig von der Bindungsenergie zwischen den Kohlenstoff- und Wasserstoffatomen, bevorzugte Angriffsstellen für den Sauerstoff ergeben. Als Folge der Bildung reaktiver Stellen im Radikal **R°** wird ein Sauerstoffmolekül am aktiven Kohlenstoff, unter Bildung eines peroxidischen Radikals, festgehalten (Abb. 25b). Dieses wiederum geht, durch Abtrennung von Wasserstoff aus dem Kohlenwasserstoffmolekül in ein Hydroperoxidmolekül über, wobei dadurch ein neues Radikal entsteht (Abb. 25c). Wenn die Oxidationsreaktion einmal ausgelöst ist, dann sichert die Hydroperoxidbildung permanent den Start der Oxidationskette durch ständige Bildung von neuen Kohlenwasserstoffradikalen. Eine Unterbrechung der Reaktionskette durch Zusammenschluss zweier Radikale **R°** führt zur Bildung eines größeren Moleküls. Diese Reaktion wird aber durch die permanente, intensive Radikalbildung kompensiert.

Betrachtet man in Abb 25 die Gleichung **b,** so ist der Einfluss des gelösten Sauerstoffs auf die Sauerstoff-Verbrauchsgeschwindigkeit im Ölalterungsprozess leicht zu erkennen. Bei derartigen Reaktionen erscheint die Geschwindigkeit proportional zur Konzentration der Reaktionspartner bzw. der vorhandenen Radikale. Der Ablauf der Reaktionen in der Induktionsperiode ist von dem in die Flüssigphase diffundierten Sauerstoff direkt proportional.

5.5 Die Zersetzung der Hydroperoxide

Dank der dominierenden Rolle, welche die Hydroperoxide in dem oxidativen Alterungsprozess der Kohlenwasserstoffe spielen, haben die Forscher der Zerfallskinetik der Hydroperoxide eine ganz besondere Aufmerksamkeit gewidmet. [18, 21, 43, 141, 153, 166] Zur Trennung der Sauerstoffbindung im Hydroperoxid ist eine Energie von 30–40 kcal/mol nötig, wie aus Tabelle 22 hervorgeht.

Zunächst ging man davon aus, dass sich die Hydroperoxidzersetzung als eine unimolekulare, d. h. eine Reaktion erster Ordnung, abspielt – eine Annahme, die durch zahlreiche Versuchsreihen bestätigt wurde. Wenn man nun die Ergebnisse graphisch darstellt, indem man die Zeit auf der Abszisse und mit logarithmischer Skalierung die Konzentration auf die Ordinate aufträgt, erhält man normalerweise einen linearen Verlauf. Ab einer gewissen Konzentrationsgrenze werden doch häufig Abweichungen des Verlaufes der Reaktionsgeschwindigkeiten von denen der Reaktionen 1. Ordnung festgestellt. In diesen Konzentrationsbereichen sieht die Zersetzungsreaktion der Hydroperoxide, aus kinetischer Sicht, eher wie eine bimolekulare Reaktion aus. So z. B. erscheinen bei der Zersetzung des Cyclohexylperoxides bei 150°C die erwähnten Abweichungen oberhalb des Konzentrationsbereiches von 0,0252 mol, wie aus Abbildung 26 erkennbar. [126]

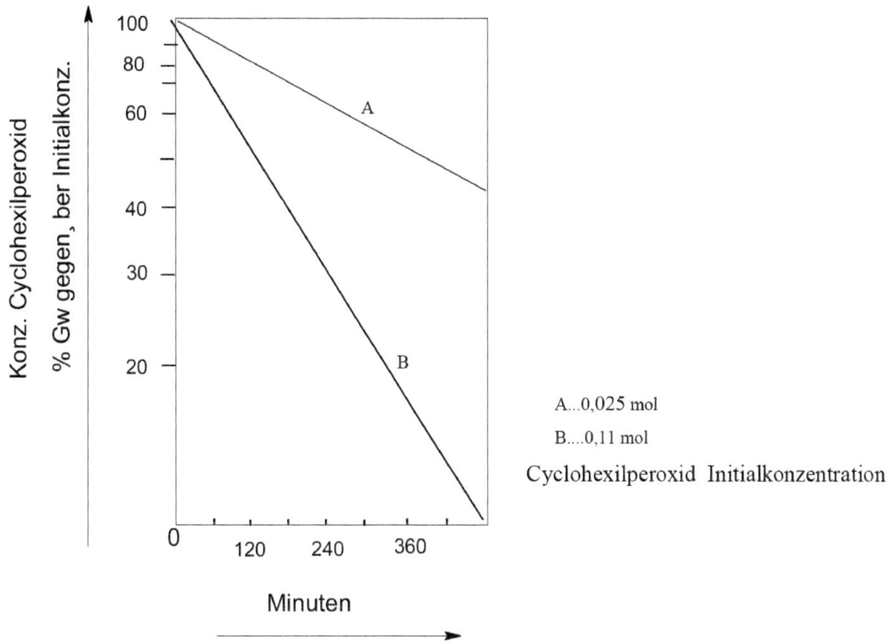

Abb. 26: Cyklohexilperoxidzersetzung zu Cyklohexan bei 150°C

Abweichungen, die in Richtung bimolekulare Reaktionen gehen und welche nur bei höheren Hydroperoxidkonzentrationen anfallen, wurden durch die Reaktionsfortsetzung über Wasserstoffbrücken erklärt, die aus energetischen Gründen bevorzugt werden. Dieser Ablauf ist in Abbildung 27 wiedergegeben.

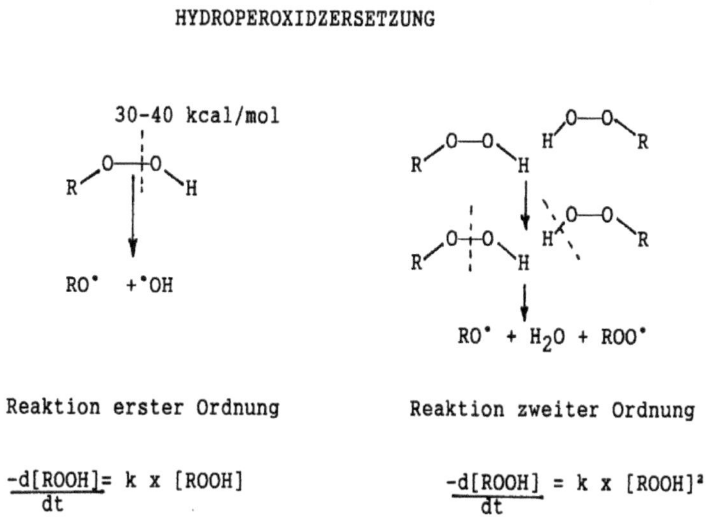

Abb. 27: Hydroperoxidzersetzung

Diese Auffassung wurde dadurch bestätigt, da die Forscher, durch Einbringung von Substanzen, welche die Wasserstoffbrückenbildung verhindern, Reaktionen 2. Ordnung in Reaktionen 1. Ordnung umwandeln konnten. Bei allen Zersetzungen der primären Oxidationsprodukte, konnte festgestellt werden, dass diese Zersetzungsreaktionen einen bedeutenden Schritt in dem autokatalytischen Reaktionsablauf darstellen, weil sie zur permanenten Radikalbildung und somit zur Kettenabbaureaktion beitragen. Die Zersetzung der Hydroperoxide stellt somit den Verzweigungspunkt der Kettenreaktion dar. Dieser Zersetzungsprozess ist von der Konzentration der Hydroperoxide abhängig und wenn in der ersten Oxidationsphase davon genügend kumuliert werden, so bewirken sie einen signifikanten Anstieg der Reaktions-geschwindigkeit, was gegen Ende der Induktionsperiode beobachtet werden konnte. Als stabile Zersetzungsprodukte der Hydroperoxide konnten Alkohole identifiziert werden, ebenso können sich auch Carbonylverbindungen aus Hydroperoxiden bilden.

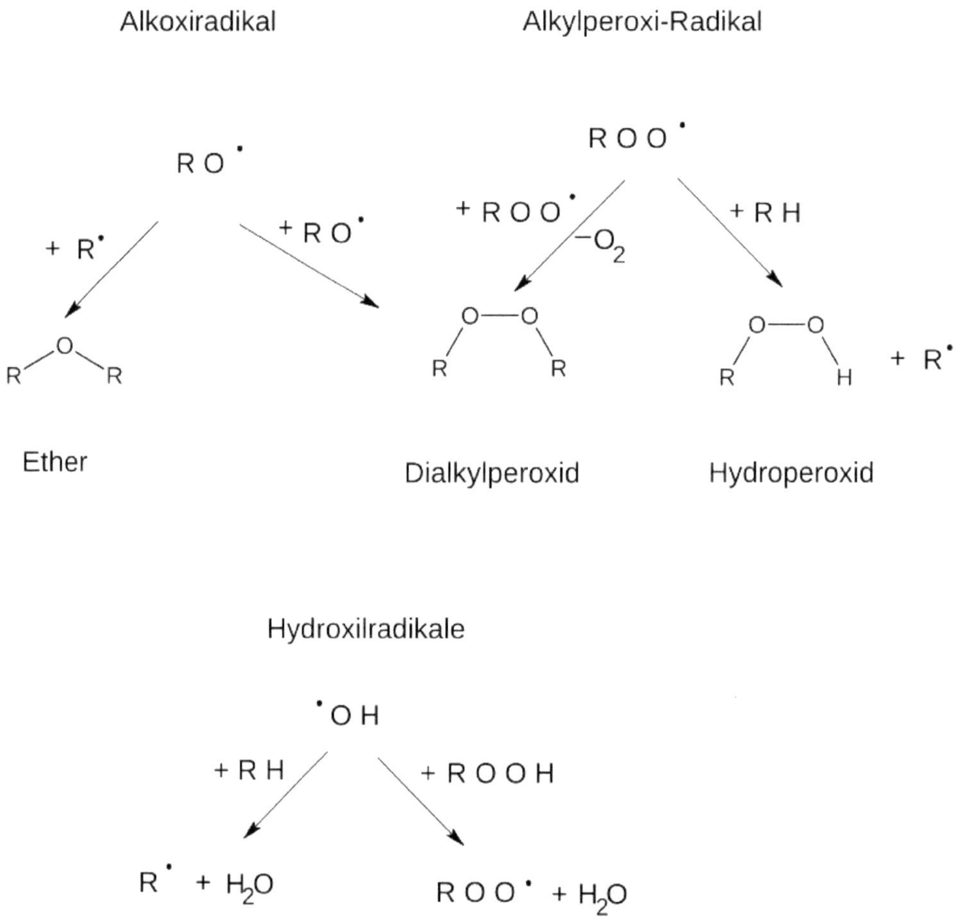

Abb. 28: Hydroperoxidzersetzung, Folgereaktionen 1

Ein Alkoxi-Radikal kann, über eine Reaktion mit einem Kohlenstoffmolekül, in einen Alkohol umgewandelt werden, es kann aber auch die direkte Umwandlung eines Alkoxi-Radikals in eine Carbonylverbindung stattfinden. Wenn zwei der Liganden Wasserstoffatome darstellen, dann findet eine Aldehydbildung statt. Wenn jedoch alle drei Liganden aromatischer Natur sind, dann startet, als Folge einer intramolekularen Transposition, eine Polymerisationsreaktion, welche, im Unterschied zur anderen Reaktion, einen Kettenabbruch bewirkt. Kettenabbruch kann es ebenso geben, wenn eine Reaktion mit einem Alkylradikal stattfindet, welches zu einer Carbonylverbindung oder zu einem Ether führt.

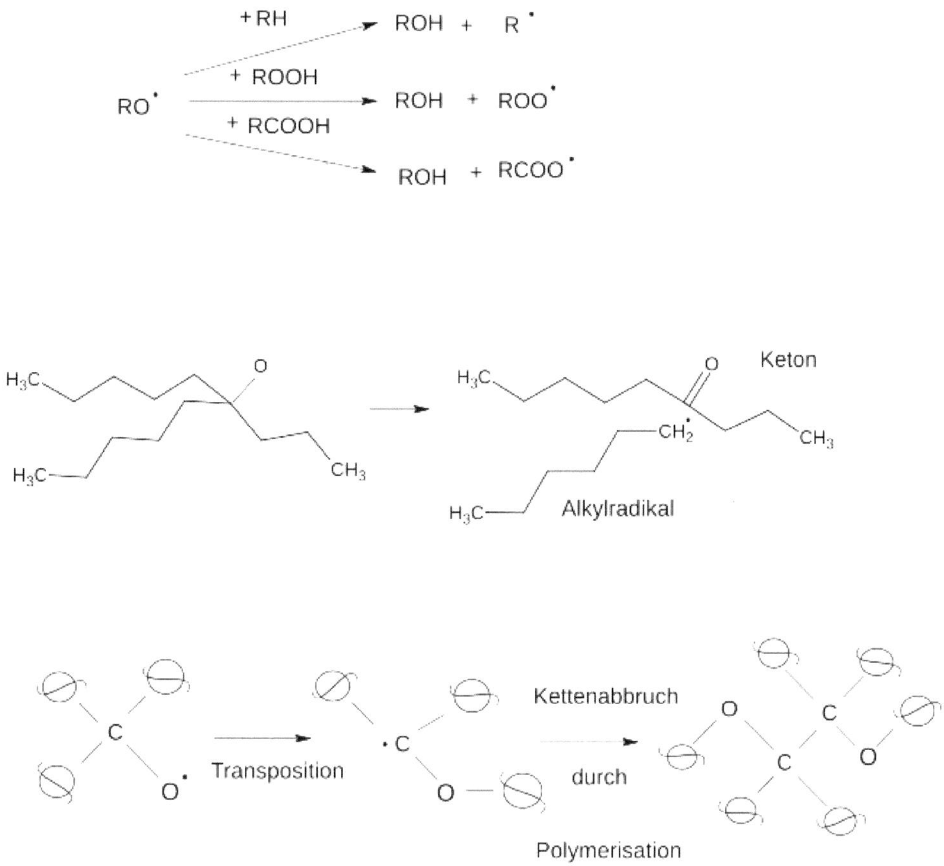

Abb. 29: Hydroperoxidzersetzung, Folgereaktionen 2

Thomas J. R. und Harle O. L. [153] haben bezüglich der bimolekularen Hydroperoxidzersetzung folgendes allgemein gültige Schema entworfen:

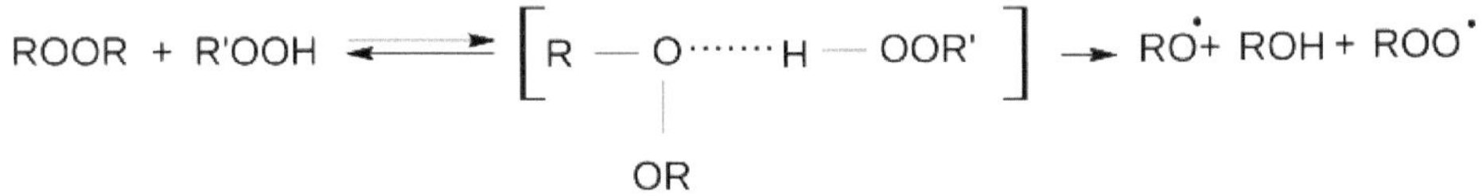

Metallionen spielen bei der Hydroperoxidzersetzung eine wichtige Rolle. Schon geringe Mengen an Übergangsmetallen haben einen bemerkenswerten Effekt auf die Stabilität der Hydroperoxide. Auch hier kann festgestellt werden, dass die Dialkylperoxide relativ insensibel sind. Allgemein können folgende Reaktionen dargestellt werden:

$$ROOH + M^{x} \xrightarrow{(a)} RO^{\bullet} + OH^{-} + M^{x+1} \quad \text{oder} \quad (M^{x}-OH)$$

$$ROOH + M^{x+1} \rightleftharpoons ROO^{\bullet} + H^{+} + M^{x}$$

Seubold F. H. und Vaughan W. F. |141] haben, nach zahlreichen kinetischen Studien, folgenden Zersetzungsmechanismus der Hydroperoxide in Gegenwart eines sauren Katalysators vorgeschlagen:

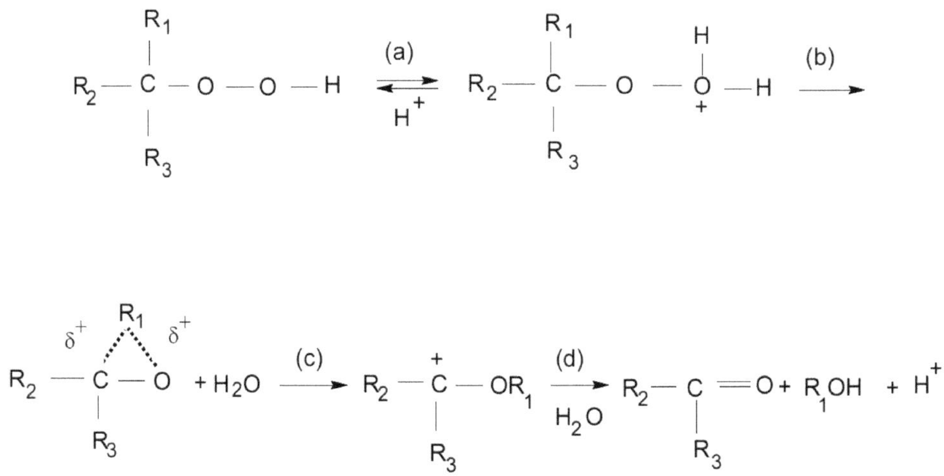

Die Reaktion (c) ist vergleichbar mit einer nukleophilen Umlagerung in Gegenwart einer pinakolischen Transposition.

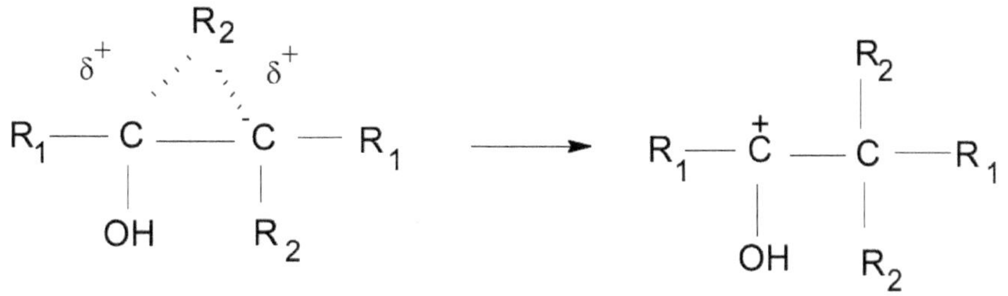

Die basisch katalysierte Zersetzung der Hydroperoxide läuft über zwei unterschiedliche Reaktionen ab, davon abhängig, ob ein Hydroxylproton oder ein Methylproton abgetrennt wurde. Im Falle der tertiären Alkylhydroperoxide ist nur die erste Reaktion möglich, während bei Aryl-Alkylhydroperoxiden die Reaktionsprodukte ausschließlich von dem Peroxi-Anion stammen. [88]

$$RO\bar{O} + ROOH \xrightarrow{(a)} R\bar{O} + ROH + O_2$$

$$R\bar{O} + ROOH \xrightarrow{(b)} RO\bar{O} + ROH$$

Kharasch M. S. und Mitarbeiter [104] haben, über zahlreiche Studien, festgestellt, dass diese Zersetzungsreaktion intensiv katalytisch von Dinitril- und Dicarboxylaten beeinflusst wird und es somit zu Chelatbildung kommt. Die Chelatbildung ist strukturabhängig, d. h., während Phthalonitril einen starken Effekt zeigt, ist bei Terephthalnitril keine chelatbildende Neigung festzustellen. Der Reaktionsmechanismus, über welchen die Ionenkettenreaktionen ablaufen, konnte bisher nicht restlos geklärt werden, man geht davon aus, dass sich zwischen Katalysator und Hydroperoxid ein Initialkomplex bildet.

In Gegenwart eines Lösungsmittels mit reduzierender Wirkung wird der Sauerstofftransfer wie folgt gesichert:

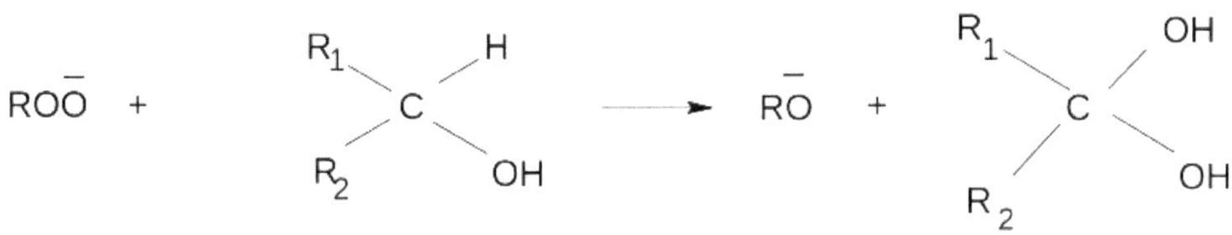

Di-sec. Alkylperoxide, die ein nicht hydroxylisches Wasserstoffatom besitzen, werden über einen basischen Angriff auf das sekundäre Kohlenstoffatom sehr leicht zersetzt.

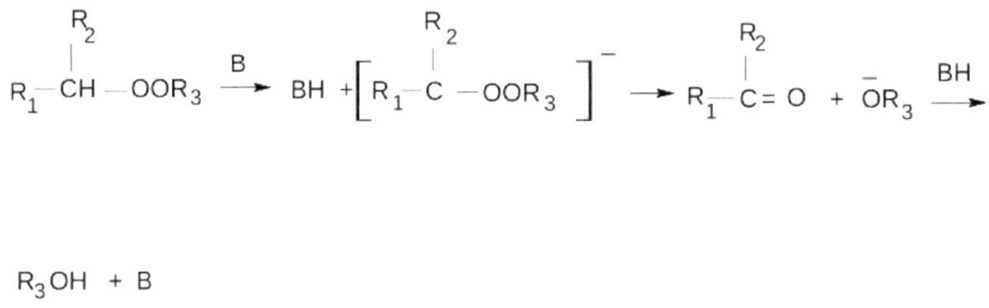

Die Zersetzung des sekundären Hydroperoxids findet mit Unterbindung eines Protons **C-H** oder **OH** statt.

5.6 Nichtkatalytische Oxidationsreaktionen der Öle

Verallgemeinert man nun alle beschriebenen Reaktionsabläufe, so kann man einen schematischen Ablauf der nichtkatalytischen Alterungsreaktionen der im Öl befindlichen Kohlenwasserstoffe ableiten.

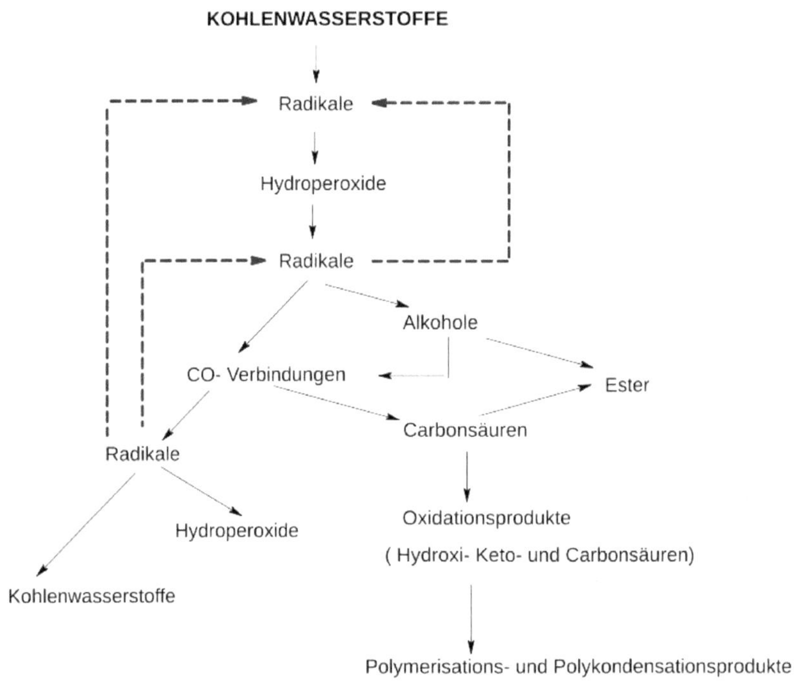

Abb. 30: Nichtkatalytische Öl-Oxidation [125]

Wie in Abbildung 3 zu erkennen, verwandeln sich die Ölkohlenwasserstoffe im Falle einer oxidativen Alterung in Radikale, danach in Hydroperoxide, die sich zersetzen und dabei neue Radikale bilden. Diese so gebildeten Radikale können einerseits zu Alkoholen führen, welche sich in Ester oder Carboxylverbindungen umwandeln. Die Carboxylverbindungen können erneut Radikale oder Carbonsäuren bilden. Die Radikale bilden, über Zusammenstoß mit anderen Radikalen, Kohlenwasserstoffe oder oxidationsbedingte Hydroperoxide. Die Carbonsäuren gehen in Oxidationsprodukte über (Hydroxisäuren, Ketosäuren), die sich ihrerseits an Polymerisations- bzw. Polykondensationsreaktionen beteiligen können.

5.6.1 Schematische Darstellung der Reaktionsmechanismen nach Bell und Cibula

Bell E. R. [13] und Cibula G. [33, S. 5] haben ein interessantes Ablaufschema für die Kohlenwasserstoffoxidation entworfen (Abbildung 31):

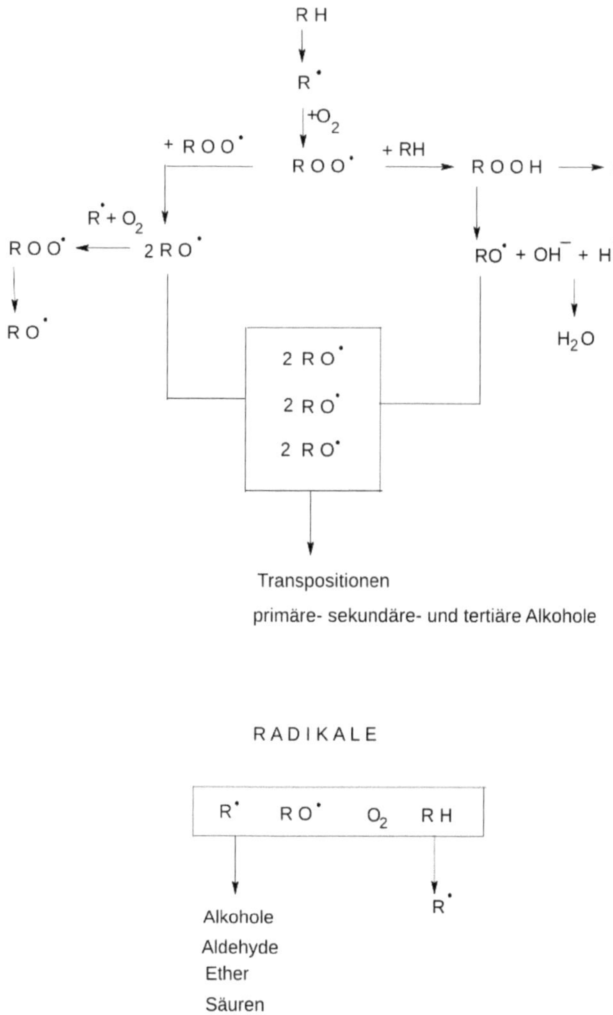

Abb. 31: Schematische Darstellung der Reaktionsmechanismen nach Bell und Cibula

Auch in diesem Fall ist die Rolle der Hydroperoxide als Oxidationszwischenprodukte im Reaktionsablauf der oxidativen Alterung eindeutig zu erkennen. Der Oxidationsprozess wird durch die Abspaltung eines Wasserstoffatoms und somit der Bildung eines sehr reaktiven Radikals ausgelöst. Die Radikale absorbieren je ein Sauerstoffmolekül und bilden Peroxiradikale, welche wiederum neutrale Kohlenwasserstoffe angreifen und dabei Hydroperoxide bilden. Durch Zersetzung der Hydroperoxide entstehen neue Radikale, die entweder mit dem Luftsauerstoff reagieren oder ein neutrales Kohlenstoffmolekül angreifen und somit den Beginn einer Kettenreaktion auslösen.

Die Hydroperoxidzersetzung läuft in Gegenwart von Säuren und Metallen wesentlich rascher ab.

Bell E. R. und Cibula G. [33, S. 4] haben über Versuchsreihen bewiesen, dass die Peroxide an das Molekel gebundenen Sauerstoff enthalten und dadurch die Hydroperoxidzersetzungsreaktionen unabhängig vom Partialdruck des im Reaktionsmedium befindlichen Sauerstoffes sind. Das von Bell entwickelte und Cibula ergänzte Ablaufschema der Oxidationsreaktionen zeigt, dass zunächst Alkohole, Aldehyde bzw. Ketone als Oxidationsprodukte anfallen, die wiederum in Säuren bzw. Ketosäuren übergehen. Die anschließenden Polymerisations- und Polykondensationsreaktionen bilden durch Vernetzung „schwere Produkte“, die als Schlamm bezeichnet werden. Die Kettenreaktionen tendieren zur Bildung stabiler Produkte und somit zum Ende der Oxidationsreaktionen.

Wie schon erwähnt stellen die Mineralöle ein Gemisch unterschiedlicher Kohlenwasserstoffe dar, wobei das Verhältnis der einzelnen Kohlenwasserstoffklassen die Oxidationsstabilität der entsprechenden Formulierung wesentlich beeinflusst. Deswegen ist eine genaue Kenntnis dieser Strukturverhältnisse für die Ölhersteller essenziell wichtig. Von großer Bedeutung für den Oxidationsprozess der Mineralöle sind die aromatischen Kohlenwasserstoffe.

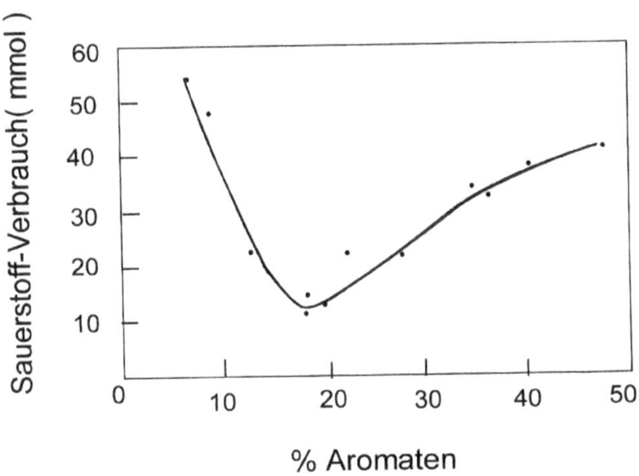

Abb. 32: Aromatengehalt in Mineralölformulierungen

Wie aus Abbildung 32 ersichtlich, spielen die Aromaten in der Kinetik der Oxidationsreaktionen eine wesentliche Rolle, und somit ist deren Kenntnis für die Formulierung der Öle von entscheidender Bedeutung. Aus Abbildung 36 kann abgeleitet werden, dass Öle mit einem Aromatengehalt von ungefähr 15–20 % die stabilsten Formulierungen darstellen.

Mineralöle mit einem großen bzw. kleinen Aromatengehalt zeigen einen intensiven Sauerstoffverbrauch und somit eine geringe Oxidationsstabilität. [29]

Die Reaktivität einzelner Kohlenwasserstoffe nimmt in folgender Reihenfolge ab: **Radikale – Poliolefone – Monoolefine – Aromaten mit Seitenketten – Naphthene – Isoparaffine – Normalparaffine**, wobei die Unterschiede bei den letzten drei Gruppen von Kohlenwasserstoffen nicht wesentlich sind. Werden die einzelnen Kohlenwasserstoffe vermischt, so ist eine völlig andere Verhaltensweise im Oxidationsprozess zu erkennen.

Vesely V. und Mitarbeiter [157] haben hierfür über zahlreiche Versuchsreihen interessante Beiträge geleistet. Die Forscher haben festgestellt, dass ein Gemisch aus pur naphthenischen Kohlenwasserstoffen bei 140°C und einem fixierten Oxidationsgrad eine Oxidationsstabilität von 2–5 Stunden zeigten.

Ebenso setzten sie Versuchsreihen mit Mono-, Di- und Triaromaten an, welche den Naphthenen hinzugefügt wurden. Die hierbei erhaltenen Ergebnisse der Induktionsperioden sind weiter unten angeführt:

Monoaromaten pur	100 Stunden
Diaromaten pur	20–30 Stunden
Triaromaten pur	13–17 Stunden
Naphthene + 1–2 % Monoaromaten	200 Stunden
Naphthene + 1–2 % Diaromaten	400 Stunden
Naphthene + 1–2 % Triaromaten	über 500 Stunden

Der optimale Zusatz von 1–2 % an Mono-, Di- und Triaromaten führte zu den besten Induktionsperioden; bei höheren Konzentrationen konnte eine wesentliche Reduzierung der Induktionsperioden festgestellt werden.

Burn A. J. und Greig G. haben diese Erkenntnisse bestätigt und den Ausdruck **„optimale Aromatizität"** geprägt [23, 29], wobei der optimale Aromaten-gehalt auch von der Oxidationstemperatur und den schwefelhaltigen Komponenten abhängig ist.

Luther H. und Klose A. [115] haben zahlreiche Oxidationsversuche bei 80–130°C und in Gegenwart von 0,01–0,05 % Cu als Katalysator durchgeführt.

Luther hat dabei folgende Verteilung für den absorbierten Sauerstoff im Oxidationsprozess der Mineralöle festgestellt:

Kohlendioxyd	12,5 %
Kohlenmonoxyd	2,0 %
Wasser	42,5 %
Säuren	8,5 %

Ester	13,5 %
Carbonylverbindungen	9,0 %
Ether	7,0 %
Hydroxylgruppen	3,0 %
Sonstige Verbindungen	2,0 %

Luther weist darauf hin, dass die paraffinischen und naphthenischen Kohlenwasserstoffe einerseits bzw. die aromatischen Kohlenwasserstoffe sowie Schwefelverbindungen andererseits ein völlig unterschiedliches Verhalten im Oxidationsprozess zeigen und dadurch zu völlig unterschiedlichen Reaktionsprodukten führen. Somit konnte eine sehr schwache Schlammbildungstendenz bei Paraffinen und Naphthenen nachgewiesen werden.

6 Katalysatoren

6.1 Allgemeine Informationen

Katalyse gab es schon in prähistorischen Zeiten, da es den Menschen gelang aus Zucker über alkoholische Gärung „Trinkalkohol" herzustellen, obwohl der Gärungsvorgang nicht bekannt war.

Ebenso war in der Antike die Essigsäureherstellung bekannt; Katalyse war also allgegenwärtig, ohne die Prinzipien der Prozesse zu kennen oder gar zu benennen. Im Jahre 1815 stellte der französische Chemiker Gay-Lussac die Brutto-Reaktionsgleichung für die Umwandlung von Glukose zu Ethanol auf.

Der Begriff der „Katalyse" selbst wurde erst 1835 durch den schwedischen Chemiker Jöns Jakob Berzelius geprägt. Berzelius hat mit der „mechanistischen Gärungstheorie" bestimmten Stoffen eine katalytische Wirkung zugeschrieben.

Berzelius erkannte, dass eine Vielzahl von Reaktionen nur dann erfolgte, wenn ein bestimmter Stoff anwesend war, der aber in der Reaktion nicht verbraucht wurde, sondern nur die Energie zur Umsetzung der Reaktion beeinflusst. Im Jahre 1857 veröffentlichte Louis Pasteur seine „vitalistische Gärungstheorie" wonach die alkoholische Gärung nur mit lebenden Zellen möglich wird. Diese Kontroverse löste eine Vielzahl an Forschungsarbeiten aus; einige davon wurden sogar mit dem Nobelpreis ausgezeichnet wie z. B. die des Chemikers Eduard Buchner, der im Jahre 1907 den Nobelpreis für Chemie für seine Arbeit „biochemische Untersuchungen und die Entdeckung der zellfreien Gärung" erhielt.

Wilhelm Ostwald definierte im Jahre 1894 die Katalyse wie folgt:

„Katalyse ist die Beschleunigung eines langsam verlaufenden chemischen Vorgangs durch die Gegenwart eines fremden Stoffes".

und

„Ein Katalysator ist ein Stoff, der die Geschwindigkeit einer chemischen Reaktion erhöht, ohne selbst dabei verbraucht zu werden und ohne die endgültige Lage des thermodynamischen Gleichgewichts dieser Reaktion zu verändern".

Abhängig vom Aggregatzustand der Ausgangssubstanzen und des Katalysators wird zwischen homogener und heterogener Katalyse unterschieden.

Bei homogener Katalyse befinden sich Ausgangssubstanzen und Katalysator in der gleichen Phase.

Bei heterogener Katalyse unterscheiden sich die Aggregatzustände der Ausgangsubstanzen von dem des Katalysators.

Damit eine chemische Reaktion ablaufen kann, benötigt sie einen Mindestbetrag an Energie, die sogenannte Aktivierungsenergie.

Der schwedische Chemiker Svante Arrhenius stellte eine Beziehung für die Temperaturabhängigkeit der Reaktionsgeschwindigkeit auf. Er bestimmte, rein experimentell, den Einfluss der Temperatur auf die Reaktionsgeschwindigkeit mittels der bei verschiedenen Temperaturen ermittelten Reaktionsgeschwindigkeits-Konstanten. Er stellte hierfür eine Gleichung auf, die von anderen Forschern eine verbesserte Form erhielt, aber heute immer noch seinen Namen trägt:

$$k = A \cdot e^{\frac{-E_A}{R \cdot T}}$$

wobei:

k: Geschwindigkeitskonstante
E_A: Aktivierungsenergie (J/mol)
A: Frequenzfaktor
R: allgemeine Gaskonstante (J/mol K)
T: absolute Temperatur in Grad Kelvin

Somit ist nach Arrhenius die Geschwindigkeitskonstante exponentiell abhängig von der Aktivierungsenergie und der Temperatur und linear von dem Frequenzfaktor A.

Während der Boltzmannfaktor E_A/RT den Anteil der Teilchen beschreibt, deren Energie gleich oder größer als die Aktivierungsenergie ist, drückt der Frequenzfaktor die Wahrscheinlichkeit aus, dass es über Molekülstöße zu chemischen Reaktionen kommt. Die Höhe der Aktivierungsenergie stellt die minimal nötige Energie dar, um bei einem Zusammenstoß zweier Moleküle eine Reaktion zu starten. Temperatur und besonders UV-Licht haben einen wesentlichen Einfluss auf die ausgelösten Reaktionen. Wie aus der Arrhenius-Gleichung erkennbar, ist die Geschwindigkeit einer chemischen Reaktion, exponentiell von der Temperatur abhängig.

In der organischen Chemie gilt die van-'t-Hoff'sche Regel, wonach eine Erhöhung der Temperatur um 10 K eine Verdoppelung der Reaktionsgeschwindigkeit auslöst. Wenn die Aktivierungsenergien sehr hoch sind, so werden viele thermodynamisch mögliche Reaktionen kinetisch gehemmt, d. h., sie laufen nur mit geringer Geschwindigkeit ab. Derartige Reaktionen können stark beschleunigt werden, wenn mit Hilfe eines Katalysators die jeweilige Aktivierungsenergie deutlich verringert werden kann. Ein Katalysator beschleunigt somit die chemische Reaktion, ohne das chemische Gleichgewicht zu verändern.

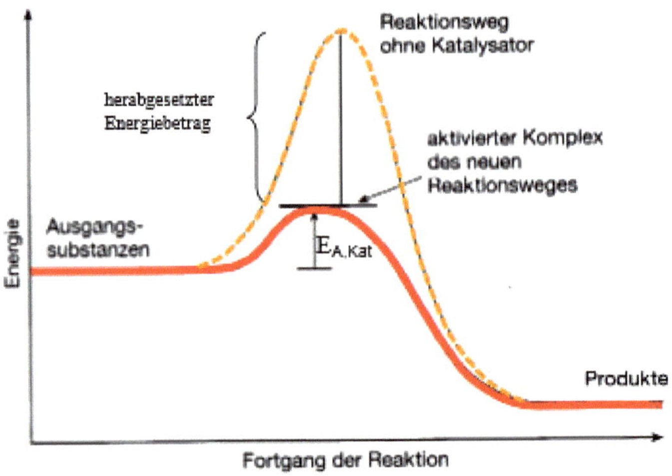

Abb. 33: Verringerung der Aktivierungsenergie durch einen Katalysator

Wie aus Abbildung 33 erkennbar, wird ohne Katalysator eine sehr hohe Aktivierungsenergie benötigt, um die Ausgangssubstanz in das gewünschte Endprodukt zu verwandeln.

Der katalytische Prozess verläuft über eine Reduzierung der Aktivierungsenergie durch die Bildung von Zwischenbindungen aus Katalysator und Substrat, ein Vorgang, der eine Aktivierung der Ausgangssubstanzen zur Folge hat. Danach werden die Zwischenbindungen zum Katalysator wieder gelöst und der Katalysator wird nicht verbraucht, er beschleunigt die Reaktionen, ohne dabei in die Bruttoreaktionen einzugehen.

Bei industriellen katalytischen Prozessen kommt es oft zu „Vergiftung" des Katalysators, d. h., der Katalysator wird inaktiv, z. B. durch Ablagerungen, und muss daher wirtschaftlich sinnvoll regeneriert werden, sobald dies technisch möglich ist.

Als traditionelles Anwendungsgebiet gilt die chemische Industrie, in der Katalysatoren schon seit über hundert Jahren in wichtigen Prozessen wie z. B. Schwefelsäuresynthese, Ammoniak Synthese, Methanolsynthese, eingesetzt werden.

Bei 85–90 % aller Herstellungsverfahren für Chemieprodukte spielt heterogene Katalyse eine wesentliche ökonomische, aber auch ökologische Rolle.

Ab 1920 finden in den USA Katalysatoren für die Erdölverarbeitung Anwendung, eine Entwicklung, die in Europa erst nach dem 2. Weltkrieg an Bedeutung gewonnen hat.

Ab dem 20. Jahrhundert erfuhr besonders die heterogene Katalyse eine entscheidende Entwicklung bei den meisten Verarbeitungsverfahren der Erdölraffinerien und der Herstellung von Chemikalien. Ebenso findet die heterogene Katalyse zahlreiche Anwendungen in der Umwelttechnik zur Reinhaltung der Luft durch Reduktion und Entfernung gesundheitsschädlicher Emissionen.

Zu den wichtigsten katalytischen Erdölverarbeitungsprozessen gehören neben katalytischen Crack-Anlagen, bei welchen langkettige Alkane aus Vakuumdestillaten unter Druck und bei Temperaturen von 300–600°C in kurzkettige verwandelt werden, um danach über Destillationsanlagen Rohbenzin und Mitteldestillate zu gewinnen, katalytische Reforming-Anlagen zur Erhöhung der Oktanzahl und somit zur Verbesserung der Klopffestigkeit der Benzine sowie Hydrocracker, Entschwefelungs- bzw. Hydrofinishing-Anlagen und andere. [94, 103 und 129, S. 316]

Die Entwicklung neuer Katalysatoren stellt einen äußerst wichtigen Forschungsbereich dar; die Anforderungen an neue Katalysatoren sind besonders hoch, es gilt hohe Reaktionsausbeuten und Umsätze bei gleichzeitig hoher Selektivität zu erreichen, da nur so die Nebenproduktbildung verringert und dadurch Rohstoffe und Energie gespart werden können.

Eine besondere Rolle spielt die Abfallreduzierung, was neben Ressourcen-Einsparung auch große ökonomische und ökologische Auswirkungen hat.

Diese Herausforderung haben die Forscher angenommen, wie aus den Patent-anmeldungen der letzten Jahre in der Welt, in der EU und besonders in Deutschland hervorgeht.

Während bei den einzelnen Erdölverarbeitungsprozessen zur Herstellung hochwertiger Mineralöle bzw. Turbinenöle die Katalysatoren eine positive Rolle einnehmen, muss beim Einsatz dieser Öle im Betrieb der Einfluss der Metalle, mit welchen die Öle in Kontakt kommen, bekannt sein, um dadurch die Ölalterung zu verzögern und deren Folgen im Betrieb der Turbinen rechtzeitig zu erkennen.

6.2 Katalysatoren im Oxidationsprozess der Mineralöle

Katalysatoren spielen im Oxidationsprozess der Mineralöle eine wesentliche Rolle. Dadurch, dass die Öle im Einsatz mit unterschiedlichen Metallen in Kontakt kommen, wird das Vorhandensein löslicher Metallionen sowie aktivierter metallischer Oberflächen vorausgesetzt.

Metalle können mit unterschiedlichen Valenzen (besonders Eisen, Kupfer, Blei und Cadmium) auftreten und haben sich als extrem effiziente Katalysatoren für die Oxidationsreaktionen der Mineralöle erwiesen. [35, 94, 103]

Die Katalysatoren erleichtern einerseits die Wasserstoffabspaltung aus dem ursprünglichen Molekel und bewirken andererseits die spontane Zersetzung der Hydroperoxide in Radikalfragmente. Somit findet die Verzweigung der Oxidationskette lange vor der Einstellung der Gleichgewichtskonzentration der Hydroperoxide statt, was sich eindeutig über die Verringerung der Induktionsperiode der Mineralöle feststellen lässt. Das Ergebnis zahlreicher Untersuchungen [50, 92] ließ erkennen, dass besonders diejenigen Metalle einen besonderen katalytischen Effekt aufweisen, die in geringen Mengen in Form von Salzen oder Seifen in Lösung gehen. Der Katalysemechanismus der Metallsalze ist komplex, da der Katalysator nach Beteiligung an der Anfangsoxidationsreaktion mit den Produkten der Autooxidation reagiert.

Reibungsflächen stellen sehr oft katalytisch äußerst aktive Zentren dar. Die Metalle geben Elektronen ab und tragen somit zur Peroxidbildung bei. In Gegenwart von Wasser findet eine Reaktionsbeschleunigung durch die gebildeten Ionen statt. Denisov E. und Emanuel [43] haben festgestellt, dass die Hydroperoxidzersetzung durch Fe^{++}-Ionen in wässriger Lösung 4000-mal schneller stattfindet als deren thermische Zersetzung bei 100°C.

Die direkte Reaktion zwischen Metall und Kohlenwasserstoff, welche über einen ionischen Mechanismus abläuft, kann folgendermaßen dargestellt werden:

$$RH + M^{n+} \longrightarrow R^{\bullet} + H^{+} + M^{(n+1)+}$$

Der Sauerstoff reagiert mit den Metallionen:

$$O_2 + M^{n+} \longrightarrow M^{(n+1)\bullet} + \overset{-}{O_2}$$

Die Hydroperoxide reagieren ebenfalls mit Metallionen:

$$ROOH + 2M^{n+} \longrightarrow RO^{\bullet} + ROO^{\bullet} + H_2O + M^{(n+1)+}$$

Die Reihenfolge im Ablauf oben beschriebener Reaktionen wurde über eine Reihe wissenschaftlicher Arbeiten bestätigt. [103, Kap. I, S. 9–41]

6.3 Einfluss von Metallen auf die Ölalterung

Die bei der Ölalterung vorkommenden Metalle sind, unter Berücksichtigung der steigenden katalytischen Aktivität, folgende:

Blei – Eisen – Zinn – Kupfer

WOLF K. [165] hat, unter Anwendung des Baader-Tests, den Einfluss der in den Kreisläufen der Dampfturbinen vorkommenden Metalle und deren Legierungen auf die Alterung von mineralölbasischen Turbinenölen beschrieben. Abbildung 34 zeigt, welchen katalytischen Effekt die einzelnen Metalle auf die Ölalterung haben, wobei Kupfer mit 100 % als Vergleichsgröße dient.

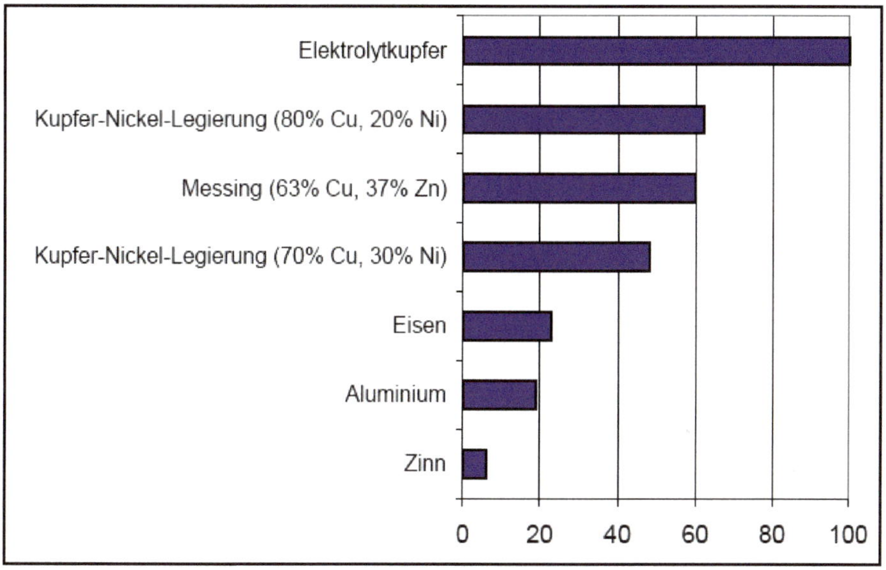

Abb. 34: Einfluss von Metallen auf Ölalterung nach WOLF [165]

Abhängig von ihrer Zusammensetzung zeigen einige Öle größere Sensibilität reinen Metallen gegenüber, andere wiederum reagieren äußerst sensibel auf lösliche Metallverbindungen. Es sind aber auch Fälle bekannt, in welchen die Öle gleiche Sensibilität, sowohl festen als auch löslichen Katalysatoren gegenüber, zeigen. Eine besondere Stellung nimmt unter den Katalysatoren Kupfer ein, nicht nur wegen seiner starken katalytischen Aktivität.

Über zahlreiche Forschungen ist es gelungen, wie in Abbildung 35 dargestellt, den Einfluss von Kupfer bzw. die Reaktionsmechanismen herauszufinden [50, 154 und 103, S. 24]

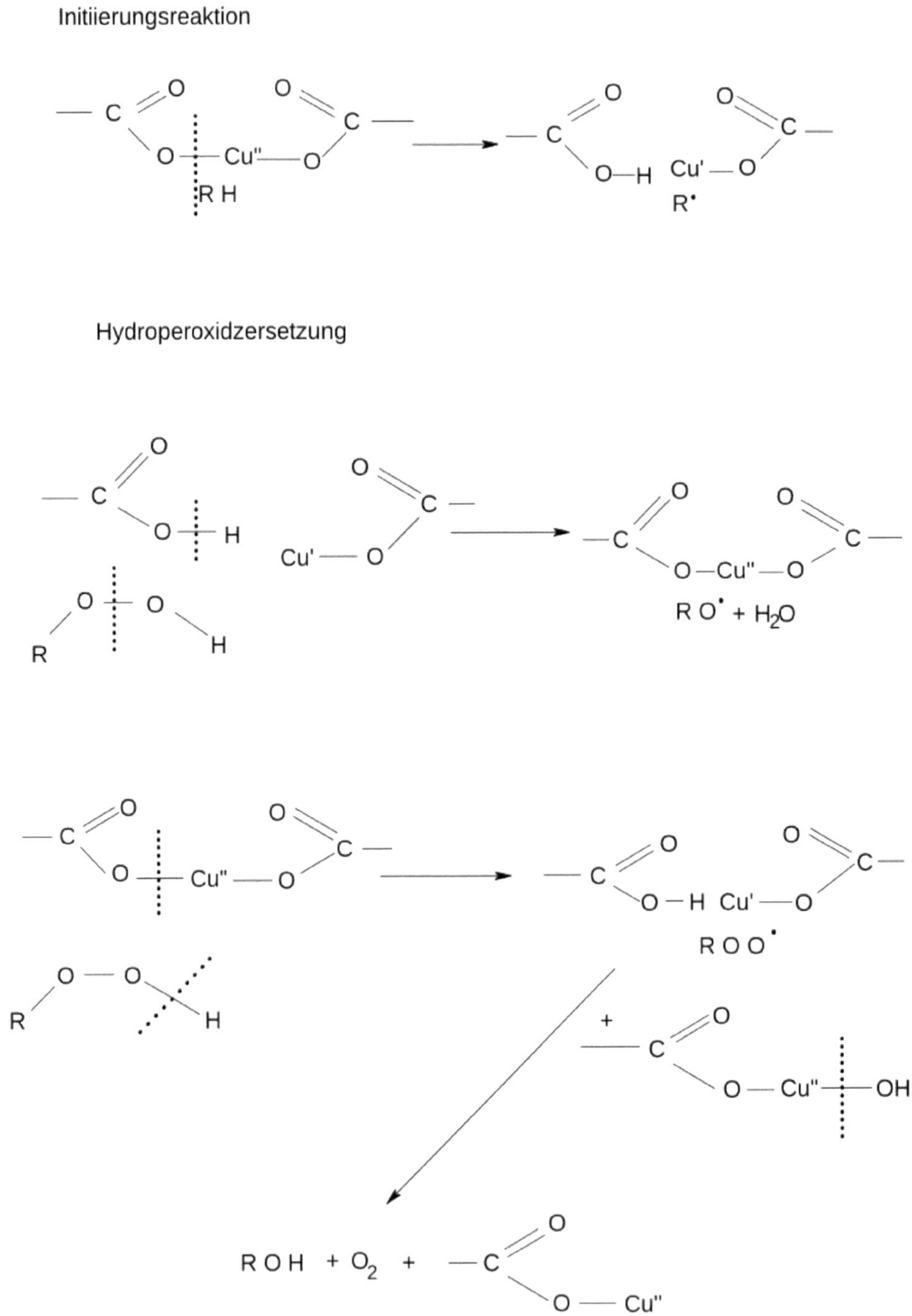

Abb. 35: Katalytische Aktivität von Kupfer

In einigen Konzentrationsbereichen zeigt Kupfer nach der rapiden Auslösung der Autooxidation eine Autoinhibierung, die durch die Kaptation von Radikalfragmenten und deren Umwandlung in stabile Verbindungen erklärt werden kann.

Scott G. [139] hat eine Reihe interessanter Untersuchungen zur homogenen Katalyse in der Flüssigphase durchgeführt. Hierfür verwendete Scott eine Reihe von Ölen unterschiedlicher Herkunft, bei denen der katalytische Effekt des gelösten Kupfers auf die Oxidationsstabilität der Öle bei einer Temperatur von 150°C getestet wurde.

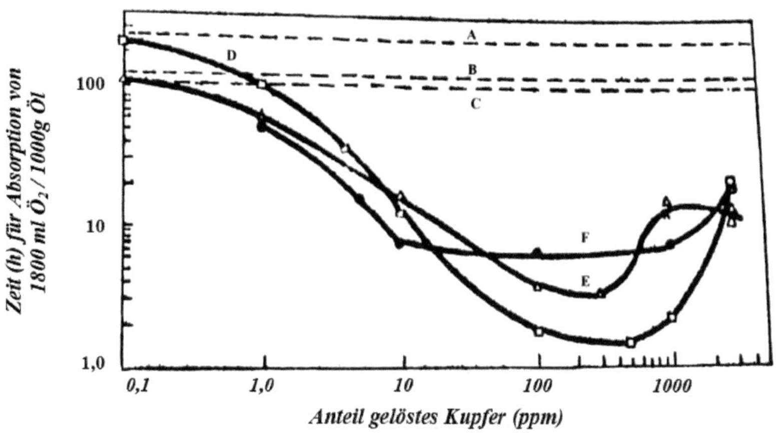

Abb. 36: Oxidationsverhalten von Mineralölen mit Cu-Naphthenat

Hierfür wurden folgende Ölproben getestet:

Probe A: Ölprobe Mid-Continent ohne Katalysator
Probe B: Ölprobe California ohne Katalysator
Probe C: Ölprobe Pennsylvania ohne Katalysator
Probe D: Ölprobe Mid-Continent mit Katalysator
Probe E: Ölprobe California mit Katalysator
Probe F: Ölprobe Pennsylvania mit Katalysator

Die in Abbildung 36 dargestellten Ergebnisse zeigen, dass in Abwesenheit des gelösten Kupfers (Kupfernaphthenat) die Sauerstoffabsorption im Öl konstant ist. Im Beisein des Katalysators steigt die Absorptionsgeschwindigkeit erheblich. Der Konzentrationsbereich von 100–1000 ppm Kupfernaphthenat bewirkte die maximale Sauerstoffabsorption im Öl.

Luther H. und Klose A. [115] haben über den Einsatz von löslichen Metallseifen eine zunehmende katalytische Aktivität in der Reihenfolge: **Blei–Kobalt–Mangan–Eisen–Kupfer** feststellen können.

Die Oxidation unlegierter Öle bei 80–130°C im Beisein von 0,01–0,05 % Kupfer hat gezeigt, dass es keine bevorzugte Oxidation einiger Kohlenwasserstoffgruppen gibt, sondern dass nur eine langsame Abnahme der Induktionsperiode zu verzeichnen war. Zwischen der eingesetzten Katalysatorkonzentration und der absorbierten Sauerstoffmenge war eine direkte Proportionalität festzustellen.

Kalichevsky V. A. und Othmer K. [98] haben über Versuchsreihen ebenfalls nachgewiesen, dass Kupfer die größte katalytische Aktivität zeigt und schon bei einer Konzentration von 0,1 ppm einen großen Einfluss auf die Oxidationsstabilität der Kohlenwasserstoffe hat.

Kenneth A. [103] hat für die Oxidation in Gegenwart von Kupfer einen interessanten Reaktionsmechanismus aufgestellt.

Kupfer beschleunigt die Geschwindigkeit der Oxidationsreaktion der Kohlenwasserstoffe durch eine Aktivierung der degenerativen Verzweigung der Kette. Die dadurch gebildeten freien Radikale initiieren die Kettenreaktion der Oxidation bis hin zu den Polymerisationsreaktionen. Der Mechanismus kann folgendermaßen dargestellt werden:

Cu^{+} + Peroxid → Cu^{2+} + freie Radikale (Initiatoren der Kettenreaktion)

Der zweite Weg, über welchen Kupfer die Oxidationsreaktionen katalysiert, geht über die Reaktion des Kupferions mit den Antioxidantien der üblichen Ölformulierungen, was zu einer Minderung der Oxidationsstabilität führt.

Die Geschwindigkeit der Bildungsreaktion sowie die Menge der löslichen metallischen Verbindungen stehen in engem Zusammenhang mit der Aggressivität und der Menge der aus dem Oxidationsprozess hervorgehenden Säuren. Somit kann behauptet werden, dass die Intensität der Metallkatalyse sehr stark von der Richtung der Oxidationsreaktionen abhängig ist.

Abbildung 37 zeigt dies ganz deutlich; das Oxidationsverhalten einiger Öle kann über die Neutralisationszahl sowie den Peroxidgehalt verfolgt werden. [33, S. 9]

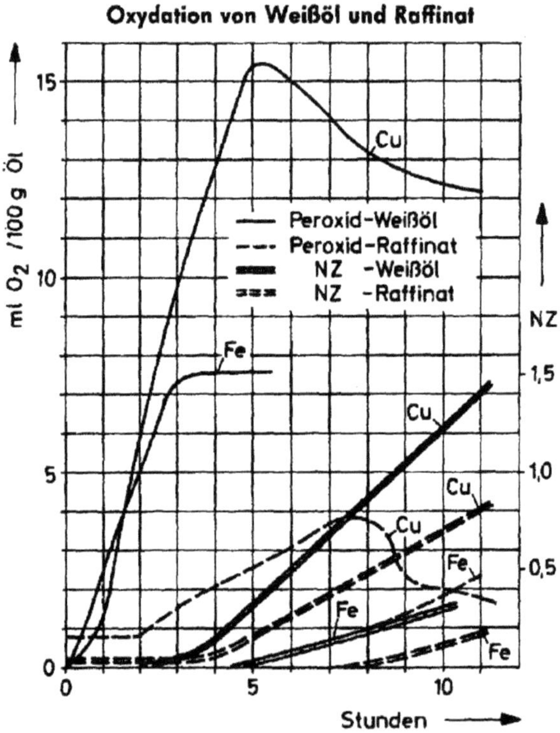

Abb. 37: Katalytische Oxidation von Raffinat und Weißöl

Weißöl und ein Normalraffinat vergleichbarer Viskosität wurden in Gegenwart von Kupfer- und Eisenkatalysatoren oxidiert. Verfolgt man die Darstellung aus Abbildung 37, so fällt auf, dass Eisen einen geringeren katalytischen Effekt im Vergleich zu Kupfer auslöst. Außerdem erkennt man an der Neutralisationszahl und den Peroxidwerten, dass das Raffinat ein besseres Oxidationsverhalten als Weißöl aufweist. Die Induktionsperiode ist beim Weißöl praktisch null, was durch die Beseitigung der natürlichen, im Öl vorhandenen Inhibitoren erklärt werden kann, gleichzeitig liegen die Neutralisationszahl und die Peroxidwerte wesentlich höher als beim Raffinat.

Die beschriebenen Arbeiten haben gezeigt, wie unterschiedlich einzelne Forscher an das Thema Oxidationsstabilität herangehen, um die Reaktionsmechanismen zu erkennen und entsprechende Maßnahmen daraus abzuleiten. Eine wichtige Rolle spielen dabei Inhibitoren.

7 Inhibierung und Inhibitoren

Ein Inhibitor erscheint nicht in der Reaktionsgleichung, er greift aber in den Reaktionsmechanismus ein und bewirkt eine Erhöhung der Aktivierungsenergie.

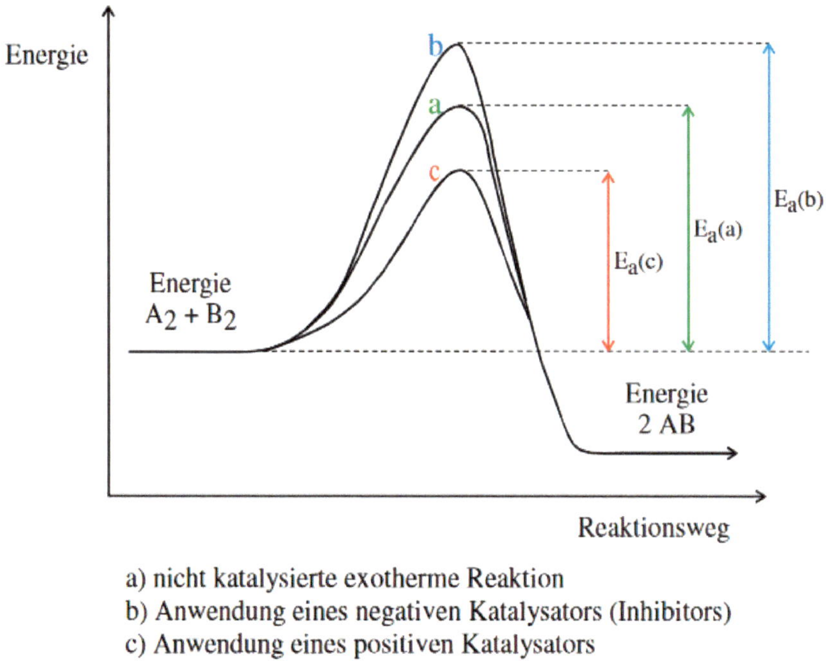

Abb. 38: Erhöhung der Aktivierungsenergie durch Inhibitoren

Wie aus dem vorhergehenden Kapitel ersichtlich, ist die Oxidation der Öle ein unvermeidbarer, irreversibler Prozess, der zu den ausführlich beschriebenen Oxidationsprodukten führt.

Die Oxidationsprozesse können jedoch verzögert werden durch verschiedene Maßnahmen wie:

- Reduzierung der Reaktionsgeschwindigkeit der Radikalbildung
- Intensivierung der Radikalverbrauchsreaktion
- Verwendung von wirksamen Inhibitoren

Die Initiierungsreaktion der Oxidationsabläufe kann gebremst werden durch:

- Zugabe von Substanzen, die Lichtstrahlen oder den kurzwelligen Bereich absorbieren. Zu diesen gehören Photostabilisatoren bzw. UV-Absorber. Letztere haben sich jedoch für Mineralöle als irrelevant erwiesen, da diese, unter normalen Einsatzbedingungen, nicht intensiv derartigen Strahlen ausgesetzt sind.

- Zugabe von Substanzen, die gelöste Metallionen (Metalldesaktivatoren) binden, oder das Auflösen der Metalle verhindern (Passivatoren).
- Zugabe von Substanzen, welche die Zersetzung der Peroxide in Radikale verhindern bzw. die den Zersetzungsprozess dahingehend steuern, dass inaktive Moleküle entstehen.

Für die Öloxidationsprozesse bei normalen Temperaturen sind die Radikal-kollektoren und die Metalldesaktivatoren sehr wichtig, während Peroxidzersetzern eine geringere Bedeutung zukommt. Abweichend davon verhält es sich bei Öloxidationen, die bei hohen Temperaturen ablaufen, da haben Peroxidzersetzer und Metallpassivatoren eine viel bedeutendere Rolle als Radikalkollektoren.

7.1 Oxidationsinhibitoren

7.1.1 Unterbrechung der Reaktionsketten

Radikale und Hydroperoxide sind die Schlüsselprodukte der Kettenreaktion und somit ist die Inhibierung, durch die Umwandlung der Radikale oder der Hydroperoxide in stabile unreaktive Verbindungen, sehr wichtig.

Radikale zeichnen sich dadurch aus, dass ihnen ein Wasserstoffatom fehlt und dadurch ein Elektron. Der reaktive Zustand könnte somit, durch die Einbringung eines Wasserstoffatoms, beseitigt werden. Wasserstoffatome können durch Verbindungen wie Phenole, aromatische Amine sowie Schwefelverbindungen gesichert werden. Bei derartigen Reaktionen verwandeln sich die Peroxid-radikale in Hydroperoxide, deren erneute Reaktion mit einem Molekel aus dem Öl unterbunden werden kann, wie aus dem unten angeführten Schema zu erkennen ist (35):

$$ROO^{\circ} + IH \longrightarrow ROOH + I^{\circ} \quad (ROO^{\circ} + RH \longrightarrow ROOH + R^{\circ})$$

$$ROO^{\circ} + I^{\circ} \longrightarrow ROOI$$

Das Inhibitorradikal inaktiviert ein Peroxidradikal.

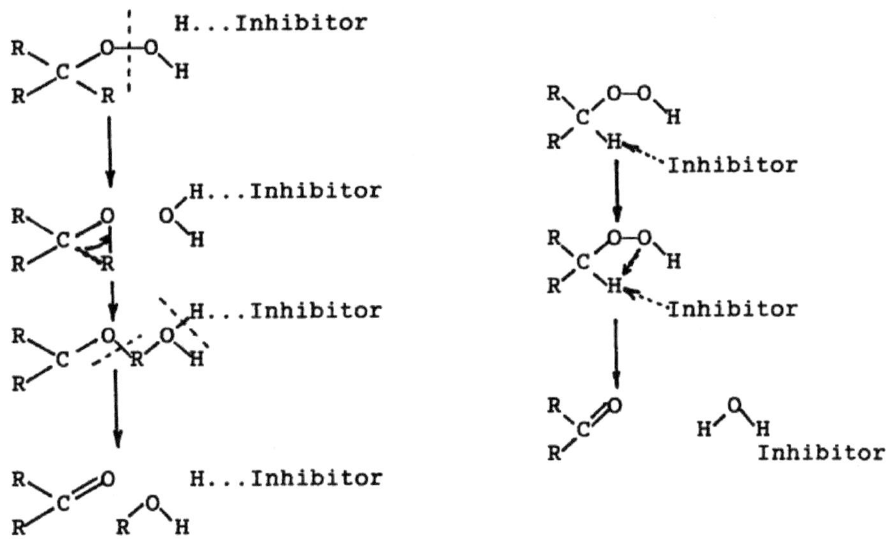

Abb. 39: Katalytische Zersetzung der Hydroperoxide ohne Bildung freier Radikale

Abbildung 39 zeigt uns den Ablauf der katalytischen Zersetzungsreaktionen der Hydroperoxide ohne Bildung freier Radikale.

Die Antioxidantien können ihre Wirkung über zwei Reaktionsmechanismen einbringen, und zwar über den Einfangmechanismus der Radikale und über die katalytische Zersetzung der Hydroperoxide, ohne Bildung freier Radikale.

Somit ist die Verzweigung der Oxidationskette unterbunden. Die Hydroperoxide zersetzen sich unter Bildung eines neuen Radikals, welches seinerseits auf ein Inhibitormolekül trifft. Teilweise reagieren die Radikale sogar untereinander bzw. mit Kohlenwasserstoffmolekülen, wobei Wasser oder nichtreaktive Sauerstoffverbindungen entstehen (Alkohole, Aldehyde u. a.). Der absorbierte Sauerstoff geht dadurch in eine für die Kettenreaktion ungefährliche Form über. Der Inhibitor wird über eine radikalische Stufe regeneriert, wobei der Reaktionsmechanismus hierfür noch nicht ausreichend geklärt ist. Wichtig für die Unterbrechung der Kettenreaktion durch den Inhibitor, ist die Fähigkeit der Inhibitormoleküle, aus ihren aktiven Zentren, Elektronen abzugeben.

Ford J. F. [53] hat über zahlreiche Versuchsreihen diese Hypothese nachweisen können. Der Oxidationsinhibitor gibt ein Wasserstoffatom an das Peroxidradikal ab.

$$R\,O2^{\circ} + A\,H \rightarrow R\,O_2\,H + A^{\circ}$$

Die Fachliteratur zeigt zahlreiche Untersuchungen zur Bestimmung der Effizienz der Antioxidantien.

Es wird grundsätzlich zwischen primären und sekundären Antioxidantien unterschieden. [4, 18, 41, 76, 89, 90, 102, 131, 134, 142, 144, 167]

Primäre Antioxidantien wirken schon im ersten Schritt der Oxidationskette, indem sie die Bildung reaktiver Radikale unterbinden. Die bekanntesten Inhibitoren dieser Kategorie sind sterisch gehinderte Phenole und sekundäre aromatische Amine.

Sekundäre Antioxidantien reagieren mit den gebildeten Hydroperoxiden, indem das eigene Molekül oxidiert wird.

Zu den bekanntesten sekundären Antioxidantien zählen Schwefel- und Phosphorverbindungen wie Thioäther und Phosphite.

Im Falle des Ditertbutylparacresol (Topanol), eines in der Ölindustrie sehr häufig verwendeten Oxidationsinhibitor, ist folgender Inhibitionsmechanismus erkennbar: [9, 41, 91, 108]

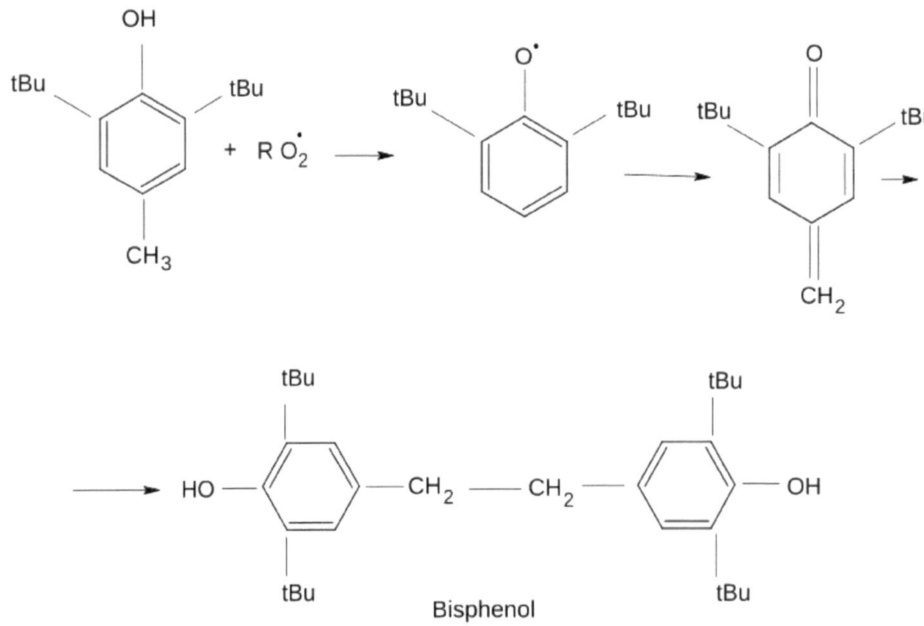

Abb. 40: Inhibierungsmechanismus durch Topanol

Topanol oder 2,6-di-tert.butyl-4-methylphenol ist ein weit verbreiterter Vertreter der phenolischen Oxidationsinhibitoren, welche die Radikale R° und ROO° durch Wasserstoffübertragung abfangen.

Wie aus Abbildung 40 zu erkennen, gibt das Antioxidationsmittel ein Wasserstoffatom an das Peroxi-Radikal ab und bildet ein Bisphenol.

Die aromatischen Amine wirken ebenfalls als Kettenabbruch-Inhibitoren, nach folgendem Mechanismus:

$$>N\,H + R\,O_2^\circ \longrightarrow N^\circ + R\,O_2H$$

$$> N^\circ + R\,O_2^\circ \longrightarrow N\,O^\circ + R\,O^\circ$$

Es ist leicht festzustellen, dass die Nitroxiradikale eine wesentliche Rolle spielen. Thomas J. R. und Harle O.L. [153] konnte diese Zwischenradikale über ESR (Elektronische Spin Resonanz) nachweisen.

Die Elektronenabgabetendenz, d. h., die Donatoreigenschaft ist bei den Aminen am stärksten ausgeprägt und diese Eigenschaft nimmt in Richtung Schwefel-verbindungen bis hin zu den Sauerstoffverbindungen ab. Die Donatortendenz kann durch eine Substitution der Alkylgruppen in Ortho- und Para-Stellung erleichtert werden. Wesentlich ist dabei für die Inhibitorwirkung, dass die Elektronenabgabe ausreichend leicht stattfindet, damit die Peroxi- und Hydroperoxi-Radikale relativ einfach umgewandelt werden können und andererseits dürfen die Inhibitorradikale nicht so reaktiv sein, dass sie selbst Kohlenwasserstoffmoleküle angreifen.

Fieser L. F. [52 und 33, S. 12] hat gezeigt, dass der Einfluss der Substituenten auf die Akzeptor- oder Donatorintensität der Elektronen auch durch die Bestimmung der „**kritischen Oxidationspotentiale**" festgehalten werden kann, wie aus unten angeführter Tabelle ersichtlich:

Substituent	Effekt, Volt
$-NO_2$	+0,344
$-COOH$	+0,268
$-SO_3H$	+0,084
$-Cl$	+0,005
$-CH_2-C_6H_5$	-0,037
$-C_6H_5$	-0,042
$-{}^{\bullet}CH_3$	-0,052
$-O^{\bullet}CH_3$	-0,235
$-N(CH_3)_2$	-0,371

Die oben angeführten Zahlen zeigen die in Volt ausgedrückten Potentialschwankungen beim Eintritt der Substituentengruppe in die Phenol- bzw. Aminmoleküle an. Je geringer das Potential, umso schwieriger ist die Abgabe von Elektronen und folglich ist der Inhibitoreffekt geringer.

7.1.2 PEROXIDZERSTÖRER

Die zweite große Inhibitorgruppe umfasst die Antioxidantien, welche die aus dem Oxidationsprozess resultierenden Peroxide zerstören. Zu den Verbindungen, die bei der Peroxidzersetzung sehr wirksam sind, gehören Phenole, Amine sowie auch schwefelhaltige Substanzen. Zu den letzteren zählen freier Schwefel, Schwefelwasserstoff, Schwefeloxide, Merkaptane, Dialkylsulfide, Dithiophosphate, Thiophene u.a.

Dithiophosphate sind als die wirksamsten Schwefelverbindungen bekannt und weisen unten angeführte Struktur auf:

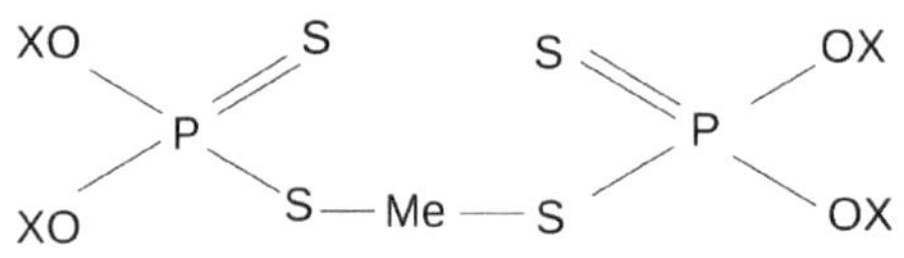

Struktur 1

wobei

X: Alkyl, Acyl oder Alkyl-Aryl

Me: Metall, in den meisten Fällen Zink

Dithiocarbamate wurden häufig als Antioxidantien patentiert und weisen folgende Struktur auf:

Struktur 2

Thiophosphate sind eine besondere Verbindungsgruppe, da sie außer einer extremen Inhibitorwirkung auch die Eigenschaft besitzen einen Schutzfilm über den Metallen zu bilden und somit auch den korrosiven Angriff der Oxidations-produkte unterbinden.

Der Wirkungsmechanismus der metallischen Dithiophosphate, ganz besonders des Zink-Dialkyldithiophosphates, war über Jahre hinweg, trotz des häufigen Einsatzes, nicht vollkommen geklärt.

Zahlreiche Versuchsreihen haben gezeigt, dass derartige Verbindungen die Geschwindigkeit der Hydroperoxid-Zersetzungsreaktion wesentlich erhöhen, ohne dabei freie Radikale zu bilden.

Der Mechanismus der Hydroperoxidzersetzung wurde von Burn A. J. [29, 30] kritisch untersucht. Der Autor kam zu der Erkenntnis, dass der Wirkungsmechanismus nicht ausreichend präzise aufgeklärt wurde und hat sodann im Detail seine Beobachtungen zur Hydroperoxidzersetzungsreaktion am Beispiel des Cumenhydroperoxides aufgezeigt.

- Die Reaktion ist katalytisch, die Hydroperoxidzersetzung wird über die Additionsreaktion der Dithiophosphate ausgelöst.
- Die Hauptprodukte der Hydroperoxidzersetzungsreaktion sind Phenol und Aceton; der Prozess läuft über Säurekatalyse ab.
- Die Natur der Alkylgruppe (X aus der Strukturformel) sowie das Metall „M“ spielen im Inhibierungsprozess eine wesentliche Rolle; die sekundäre Alkylgruppe hat eine höhere Wirkung als die primäre, während die Metalle eine pro-oxidative Wirkung auslösen.

Bei derartigen Prozessen gilt die allgemeine Hypothese, dass die thermische Zersetzung der Dithiophosphate eine Verbindung hervorbringt, von welcher man annimmt, dass es eine Säure ist. Diese Hypothese ist jedoch nicht im Einklang mit der Feststellung, dass die Dithiophosphate schon bei Raumtemperatur eine Zersetzung der Hydroperoxide bewirken.

Burn hat festgestellt, dass Dithiophosphate die Fähigkeit besitzen Radikale einzufangen, vergleichbar mit sterisch gehinderten Phenolen, was somit auf direktem Wege das „Leben“ des Inhibitors beeinflusst.

Organische Schwefelverbindungen, gekennzeichnet durch unten angeführte Struktur, haben die Forscher zu zahlreichen Versuchsreihen angeregt mit dem Ziel den Wirkungsmechanismus zu klären. [145, 147, 148]

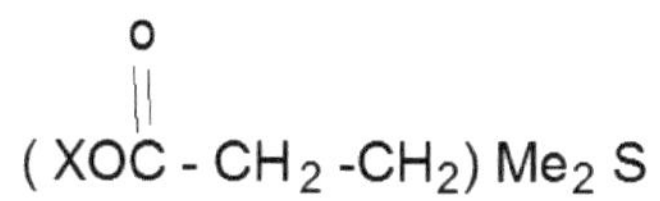

Struktur der organischen Schwefelverbindungen

Barnard D. [8] hat bewiesen, dass derartige Verbindungen zunächst mit den Hydroperoxiden reagieren und Sulfoxide bilden, welche unter thermischer Zersetzung einen aktiven Inhibitor ergeben, voraussichtlich ein Thiosulfonat, wie aus unten angeführter Darstellung erkennbar ist.

Der genaue Wirkungsmechanismus des Thiosulphates ist nicht bekannt, es wird allgemein angenommen, dass es mit dem Peroxid einen Komplex bildet, welcher sich seinerseits, unter Bildung neuer Radikale, zersetzt.

Die weiter unten angeführte schematische Darstellung zeigt, dass die ¡**-Ketosulfide**, im Vergleich zu den Sulfiden, bessere Inhibitoren darstellen, was dadurch erklärt werden kann, dass die Oxidationsprodukte sich unter Bildung aktiver Verbindungen zersetzen.

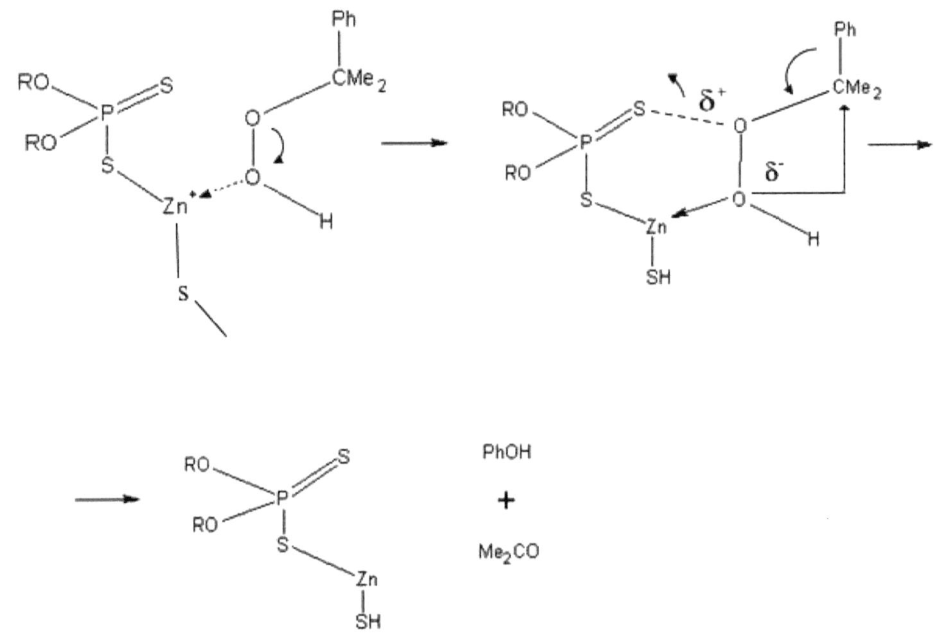

Abb. 41: Wirkungsmechanismus von Ketosulfid

Die Schwefelverbindungen stellen somit eine Quelle für derartige Inhibitoren dar, die sich während des Oxidationsprozesses bilden. Die natürlichen Inhibitoren, die sich in einigen Mineralölen befinden, entstehen voraussichtlich auf dieselbe Art.

Burn A. J. [30] schlägt einen Wirkungsmechanismus vor, der über die Bildung eines Koordinativkomplexes zwischen dem Hydroperoxid und Dithiophosphat, gefolgt von einem nukleophilen Angriff auf die Alkoxigruppe mit sechs Cyclotranspositionen verläuft, wie aus dem oben angeführten Schema ersichtlich ist.

Sämtliche Versuchsreihen haben gezeigt, dass die katalytische Zersetzung der Hydroperoxide durch die Zwischenprodukte, die aus dem Hydroperoxid und dem Inhibitor entstehen, gegeben ist.

Wenn die Kettenabbruch-Inhibitoren zusammen mit den Hydroperoxidzersetzern vorkommen, dann ist in den meisten Fällen ein Synergismus erkennbar.

Cibula G. [33, S. 12] hat erkannt, dass die Hydroperoxidzersetzung im Beisein von Schwefelverbindungen durch die Bildung von Sulfoxiden und nichtreaktiven Sulfonen, die als Zwischenprodukte entstehen, gesteuert wird.

R O O H	$+ R_2S \rightarrow$ R O H	$+ R_2SO$ (Sulfoxid)
R O O H	$+ R_2S \rightarrow$ R O H	$+ R_2SO_2$ (Sulfon)

Schwefeloxide und Sulfone oxidieren rapid unter Bildung schwacher und starker Säuren. Starke Sulfonsäuren sind als sehr effiziente Hydroperoxidzerstörer bekannt. Schwefelhaltige Oxidationsinhibitoren haben eine doppelte Wirkung; sie zersetzen die Peroxide durch Eigenoxidation des Inhibitors und durch die entstandenen Säuren. Auch in diesem Fall ist der Reaktionsablauf wesentlich durch die Reaktionstemperatur beeinflusst. Bei niedrigen Temperaturen finden Molekularreaktionen mit den Hydroperoxiden statt, während bei höheren Temperaturen der Reaktionsmechanismus ionisch ist.

Bei Inhibitoren, die Schwefel, Sauerstoff und Phosphor enthalten, besteht die Gefahr, dass diese mit Metallen unlösliche Verbindungen bilden, die sich in Form von Schlamm absetzen können. Andererseits können öllösliche Metallverbindungen, die ebenfalls entstehen, über Reaktionen mit den aus dem Oxidationsprozess resultierenden Säuren, eine frühzeitige „Erschöpfung" des Inhibitors bewirken. Cibula G. hat festgestellt, dass auch Phenole eine doppelte Rolle spielen, d. h., sie reagieren nicht nur mit Radikalen, sondern können auch als Hydroperoxidzersetzer aktiv werden.

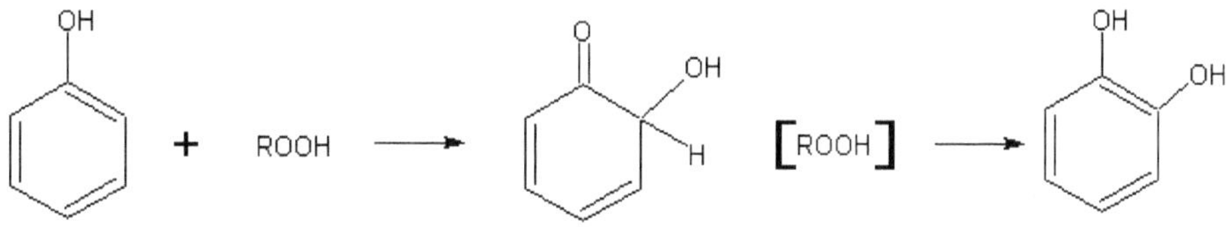

Bei dieser Reaktion, die über ein P-Elektron abläuft, kann ein Phenolmolekül zwei oder mehrere Peroxidmoleküle neutralisieren, dank einer simultanen Regenerierung beziehungsweise durch die Akzeptanz einer Elektronen-Donator Gruppe. Wie aus den bisherigen Ausführungen zu erkennen, ist es besonders schwer, die zum Einsatz kommenden Inhibitoren strikt in Radikalfänger und Hydroperoxidzerstörer einzuteilen.

Studien zur Effizienz der inhibierenden Wirkung der Phenole im Oxidationsprozess haben gezeigt, dass Elektronen-Donatorengruppen wie Methyl und Methoxi in Ortho- und Para-Position zu erheblicher Verbesserung der Oxidationsstabilität führen, während für die in Meta-Position angesiedelten Gruppierungen nur ein geringer Effekt erkennbar ist. [41, 162]

Akzeptor-Gruppen wie Nitro-, Carboxi- oder Halogene tragen zur Reduzierung des Inhibitionseffektes bei.

7.2. Korrosionsinhibitoren

Turbinenöle sind normalerweise mit polyfunktionalen Additiven versehen, wobei die Antioxidantien, die Korrosionsinhibitoren und die Entschäumer eine wichtige Rolle einnehmen.

Das aus dem Herstellungsprozess hervorgegangene Turbinenöl ist nicht korrosiv.

Während der Lagerung und auch im Einsatz in den Schmierstoff- und Regelkreisläufen ist der Kontakt mit Luftsauerstoff und Wasser nur begrenzt vermeidbar und somit ist eine potenzielle Korrosionsgefahr für Leitungen, Behälter und das Regelsystem durchaus gegeben.

Die Fachliteratur behandelt das Thema „Korrosionsinhibitoren" in zahlreichen wissenschaftlichen Arbeiten. [32, 54, 110, 138, 160]

7.2.1 Kupferdesaktivatoren

Zum Schutz der Turbinenöle im Betrieb vor katalytischen Effekten der Kupferoberflächen, werden Kupferdesaktivatoren und Filmbildner eingesetzt. Beim Wirkungsmechanismus der Kupferdesaktivatoren unterscheiden wir zwischen Chelatbildner und Filmbildner.

7.2.1.1 Chelatbildner

Chelatbildner verhindern die katalytische Aktivität der Kupferionen, indem sie mit den im Öl gelösten Kupferionen stabile Komplexe bilden, die im weiteren Oxidationsablauf keinen katalytischen Einfluss mehr haben. Nachteilig bei Chelatbildner ist, dass sie die Quelle der Kupferionenbildung nicht beseitigen. Da sie selbst beschleunigend auf den Anstieg der Kupferionen im Öl wirken, haben sie sich allgemein nicht durchgesetzt. Durch Einbau mehrerer Ligandenatome wie N, O, P, S allein oder zusammen mit leicht ionisierbaren Gruppen wie Hydroxyl- oder Carboxylgruppen wird eine Polyfunktionalität der Chelatbildner erreicht. [9, S. 27]

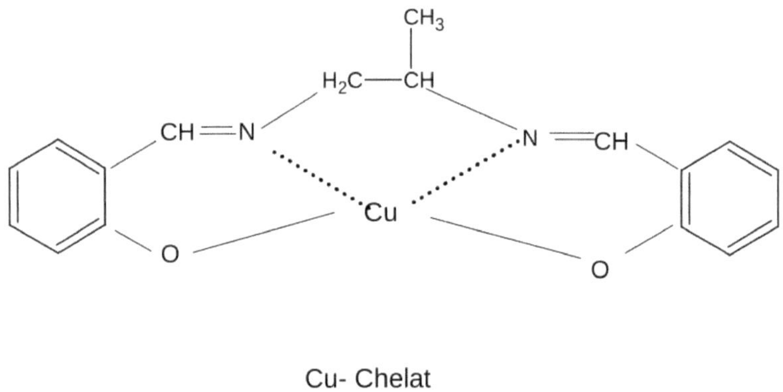

Abb. 42: Cu-Chelat

7.2.1.2 Filmbildner

Der Wirkungsmechanismus der Filmbildner unterscheidet sich von dem der Chelatbildner durch die Bildung eines passivierenden Schutzfilms, der den Übertritt von katalytisch wirkenden Kupferionen ins Öl verhindert.

Ebenso sollte ein Filmbildner auch den oxidativen Angriff der Kupferoberfläche durch Sauerstoff oder Ölalterungsprodukte unterbinden.

Zu der ersten Generation der Kupferdesaktivatoren zählen Mercaptobenzothiazol (MBT) und das Mercaptobenzimidazol (MBIA). Diese Metalldesaktivatoren haben filmbildende Eigenschaften, und können ebenso auch korrosiven Schwefel abfangen. Die Wirksamkeit dieser Wirkstoffe ist bei Temperaturen bis 120°C deutlich, verringert sich aber bei Temperaturen oberhalb 120°C. Dieser thermische Aktivitätsabfall lässt sich über eine Dimerisierung der Moleküle erklären. [32]

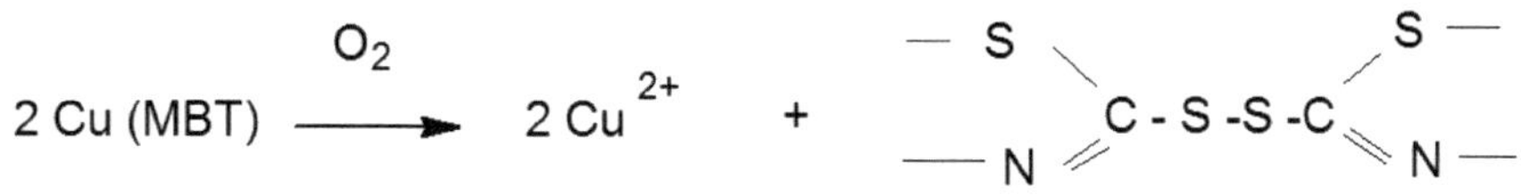

1 2

Das Dimere 2 hat keine filmbildenden Eigenschaften und desorbiert somit von der Kupferoberfläche.

Die Benzo- bzw. Tolutriazolderivate verhalten sich ganz anders, d. h., sie desorbieren nicht von der Kupferoberfläche und bieten einen Schutz bereits in sehr kleinen Konzentraten von z. B. 50 ppm.

In der Praxis kommt eine Reihe von oberflächenaktiven Verbindungen mit effizienter korrosionsverhindernder Wirkung zum Einsatz.

Diese Substanzen zeichnen sich durch eine polare Gruppe aus und bilden dadurch auf der Metalloberfläche eine monomolekulare, adsorbierte Schutzschicht. [54, 110]

Zu den bekanntesten Korrosionsinhibitoren, die bei Turbinenöl-Formulierungen zum Einsatz kommen, zählen Carboxylsäuren, Alkohole, Amine, Sulfonate, Salze, die aus Aminen und Phosphorsäure entstehen. [32, 54]

7.2.2 Rostinhibitoren

Durch den Sauerstoff der Luft und die sauren Oxidationsprodukte der Öle bilden sich, während des Betriebes der Öle, dünne, poröse Oxidschichten auf den Eisenoberflächen aus.

Wird diese Schicht mechanisch beschädigt, kann Wasser eindringen und somit zwischen der Metallschicht und der Oxidschicht ein Lokalelement bilden.

Eisen als Anode bringt Eisenionen in das umgebende Medium ein und die freiwerdenden Elektronen wandern zur Oxidschicht (Kathode), um mit Sauerstoff und Wasser Hydroxidionen zu bilden.

Im Raum zwischen Anode und Kathode entsteht Rost durch das Zusammen-treffen von Eisenionen und Hydroxiionen, die sich zu schwer löslichem Eisen(II)-hydroxid vereinigen.

Dieses wiederum wird durch Sauerstoff zu Eisen(III)-hydroxid, also Rost, oxidiert. [9, S. 29]

Um dies zu unterbinden, werden Rostinhibitoren eingesetzt. Rostinhibitoren sind chemische Substanzen, die das Anhaften der Öle an der metallischen Oberfläche erleichtern. Um dieses Ziel zu erreichen, werden in sehr kleinen Konzentrationen Derivate der Fettsäuren, Sulfonsäuren, Phosphorsäuren und deren Salze. Ebenso sind in der Zusammensetzung einiger Rostinhibitoren wasserunlösliche Bariumsulfonate anzutreffen.

Derartige Strukturen sind in der Lage, sich orientiert an der Metalloberfläche anzulagern und somit einen hydrophoben Schutzfilm zu bilden. [49]

7.3 Entschäumer

Nicht selten beginnen die im Umlaufsystem befindlichen Turbinenöle zu schäumen. Um diesem Zustand entgegenzuwirken, der im Extremfall bis zur Abschaltung der Turbine führen kann, kommen heute eine Reihe von Entschäumern zum Einsatz.

Entschäumer sind chemische Produkte mit ausgeprägter Grenzflächenaktivität, die eine Schaumbildung verhindern oder einen bereits gebildeten Schaum zerstören können. Es wird dabei zwischen Entschäumern, welche die Schaumbildung verhindern, und Entlüftern, die die Luftblasen schneller an die Oberfläche bringen, unterschieden.

Ein aktiver, wirkungsvoller Schauminhibitor muss mehrere Bedingungen erfüllen: [9, 31, 46, 48, 100]

- Er muss im Öl praktisch unlöslich sein.
- Seine Oberflächenspannung muss kleiner sein als die des Öls.
- Er muss im Öl gut dispergiert sein, damit seine Aktivität auch bei längerer Lagerung bestehen bleibt.

Die Effizienz eines Entschäumers ist von vielen physikalisch-chemischen Parametern abhängig. Neben Löslichkeitsverhalten des Schauminhibitors spielen auch die Oberflächenaktivität, das Spreitungsverhalten (Maß für die Fähigkeit von Ölen, sich flächig auszubreiten) und die Fähigkeit zur Ausbildung polymolekularer Filme auf der Oberfläche einer schäumenden Flüssigkeit eine sehr große Rolle.

In der Fachliteratur werden häufig Mechanismen zur Schaumbildung, Möglichkeiten zur Schaumreduzierung und Schaumbeseitigung dargestellt. [46, 48, 56, 133, 137]

Während die Schaumbildung als geklärt gilt, ist die Schaumzerstörung auch heute noch ein wichtiges, sehr komplexes Forschungsgebiet, welches Teilbereiche wie Gravitation, Rheologie, Filmkinetik und Diffusionsvorgänge einschließt.

Die bekanntesten Additive, welche Turbinenölen zugemischt werden und sich als recht effizient erwiesen haben, sind die Polyalkylsiloxane, wie in Abbildung 43 dargestellt.

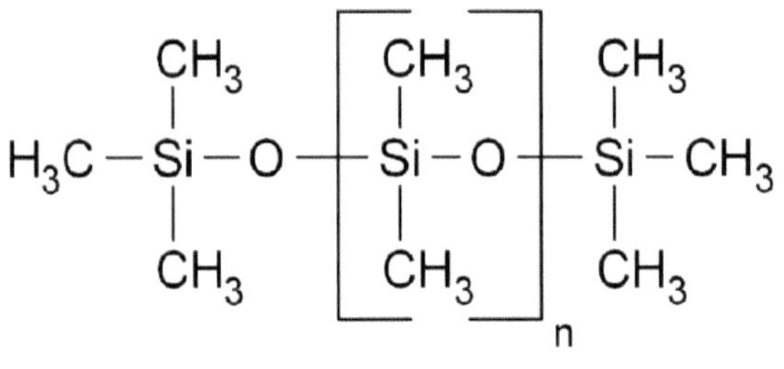

Abb. 43: Polysiloxan

wobei n = 1–2000

In der Hauptkette wechseln Silizium und Sauerstoffatome ab und die Seitenketten bestehen aus Kohlenwasserstoffketten, die an die Siliziumatome gebunden sind.

Bei den meisten Polyalkylsiloxanen sind die Substituenten Methylgruppen. Es sind auch cyklische Strukturen möglich.

Derartige Schauminhibitoren sind sehr aktiv und zeigen ihre Wirkung schon in einem Konzentrationsbereich von 10 bis 100ppm.

Shirlett A. [143] beschreibt den Mechanismus folgendermaßen:

Polysiloxane setzen die Grenzflächenspannung herab und dadurch können kleine Luftbläschen sich zu größeren vereinen, was zu einer leichteren Abscheidung führt. Gleichzeitig platzen die kleinen Luftbläschen durch den Kontakt mit den ölunlöslichen Entschäumern.

Diese beiden möglichen Wirkungsmechanismen der Polysiloxane sind jedoch nicht in der Lage, den eigentlichen Wirkungsmechanismus im Detail zu klären. Es wird allgemein angenommen, dass die Entschäumer die Grenzflächen-spannung zwischen Öl und Luft herabsetzen und somit ein Entweichen der Luftblasen ermöglichen, was zur Folge hat, dass kein betriebsstörender Schaum mehr entstehen kann. Ein Entweichen der im Öl befindlichen Luft kann auch über einen Temperaturanstieg bzw. durch eine Druckverminderung erreicht werden. Eine Luftentweichung aus einem im Betrieb befindlichen Turbinenöl muss sichergestellt werden, weil anderenfalls das Öl frühzeitig altern würde und der Reglerkreislauf durch die Kompressibilität des luftreichen Öls eine sicher gesteuerte Funktion der Turbine nicht mehr gewährleisten könnte.

Gute Ergebnisse zur Beseitigung des im Turbinenbetrieb gebildeten Schaumes lassen sich auch durch konstruktive Maßnahmen im Ölbehälter erreichen. (58)

Derzeit ist auch noch keine Methode zur quantitativen Messung der Polisiloxankonzentration im Neuöl und den Turbinenölen im Betrieb erfolgreich im Einsatz.

Es wäre sicherlich sehr sinnvoll derartige Bestimmungen präzise durchführen zu können, um somit einen wichtigen Beitrag zur Überwachung der Turbinenöle im Betrieb zu gewährleisten.

Peter Garrett [56] hat viele der aufgestellte Theorien zum Thema Schaum analysiert und stellte fest, dass die Wirkungsmechanismen oft erfolgreich beschrieben [59] und in Zerfallsgleichungen [156] festgehalten wurden, jedoch Teilbereiche wie Kinetik des Penetrationsprozesses, Strukturveränderungen durch Gasdiffusion noch Herausforderungen für künftige Forschungsprojekte darstellen.

8 Laborversuche

Die hier dargestellten Daten basieren auf zahlreichen Versuchsreihen, die der Autor mit einem Prototyp eines nach Patent RSR Nr. 66209/31.XII.1976 gebauten Gerätes im Labor durchgeführt hat.

Die daraus abgeleiteten Versuchsergebnisse werden in Form von Tabellen und Abbildungen aufgezeigt, miteinander korreliert und bewertet.

Die neuen Strukturgruppen-Bestimmungen hat der Autor mit Hilfe eines UR-20-Spektrometers der Firma Carl Zeiss Jena für neue und oxidierte Turbinenöle erarbeitet und die Ergebnisse tabellarisch und als Abbildungen dargestellt.

8.1 Einfluss von Verunreinigungen auf die Ölqualität

8.1.1 Oxidationsstabilität der Öle

Über zahlreiche Laborversuche zur Oxidationsstabilität der Öle wurden die katalytischen Einflüsse von metallischen Verunreinigungen geprüft.

Um die Wirkung von Kupfer, einer Verunreinigung, die als feiner Abrieb häufig im Turbinenöl-Kreislauf anzutreffen ist, auf die Oxidationsstabilität zu ermitteln, wurden mehrere Versuchsreihen im Labor unter folgenden Bedingungen durchgeführt:

• Ölmenge	• 300 ml
• Oxidationstemperatur	• 130°C
• Luftstrom	• 2 l/h
• Kupferkatalysator	

Als Entscheidungskriterium diente die Neutralisationszahl (Säurezahl) bzw. die Zeit, die benötigt wurde, um einen Grenzwert von 0,45 mg KOH/g Öl zu erreichen, ein für legierte Turbinenöle allgemein gültiger Wert. [64]

Die Zusätze von Kupfer als Pulver erfolgten in Konzentrationsbereichen, die für die Abriebbelastung der im Umlauf befindlichen Turbinenöle durchaus realistisch sind.

Abbildung 44 lässt eine Korrelation zwischen dem Anstieg der Neutralisationszahl und der Oxidationszeit erkennen.

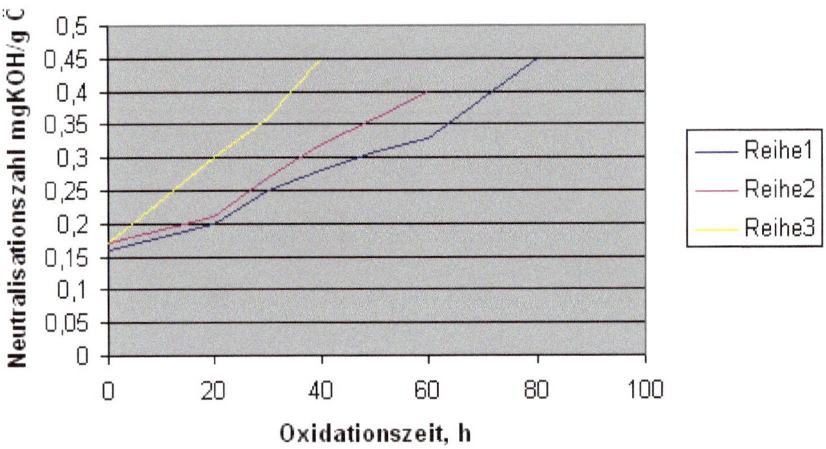

Abb. 44: Korrelation zwischen Neutralisationszahl und Oxidationszeit

Reihe 1: Oxidation ohne Cu-Abrieb
Reihe 2: Öl aus Reihe 1 mit 0,01 % Cu-Abrieb
Reihe 3: gleiches Öl mit 0,03 % Cu-Abrieb

Wie aus obiger Abbildung erkennbar, bewirken die Zusätze von feinem Kupfer eine sichtbare Verschlechterung der Oxidationsstabilität, was zu einer Verkürzung der Standzeiten der im Betrieb befindlichen Öle führen würde.

Während bei einem Öl ohne Kupferabrieb 80 Oxidationsstunden nötig waren, um den Grenzwert der Neutralisationszahl zu erreichen, trat diese Situation bei einem Zusatz von 0,01 % Kupferabrieb nach 68 Stunden ein und bei einem Kupferabrieb-Zusatz von 0,03 % schon nach 40 Stunden.

Diese Ergebnisse ergänzen sinngemäß die in der Fachliteratur beschriebenen katalytischen Effekte metallischer Verunreinigungen.

Die oben angeführten Ergebnisse sind nicht als absolute Werte zu betrachten, da diese abhängig von den Feinheitsgrad des Abriebs- und der Ölformulierung unterschiedlich ausfallen können, wichtig ist jedoch der eindeutig negative Effekt derartiger Verunreinigungen und dadurch die Gefahr der Auswirkungen auf den Betrieb der Dampfturbinen.

8.1.2 Einfluss auf Schäumungseigenschaften

Die Ermittlung des Einflusses mechanischer Verunreinigungen auf die Schäumungseigenschaften ist schwierig und komplex, da dabei mehrere Aspekte wie Alterungsgrad der Öle, Natur und Partikelgröße sowie Konzentration der Verunreinigungen, berücksichtigt werden müssen.

Um den Einfluss der Verunreinigungen auf die Schäumungseigenschaften der Turbinenöle in verschiedenen Oxidationsphasen bestimmen zu können, wurden im Labor mehrere Ölproben bereitgestellt. Die Oxidationsphasen wurden willkürlich gewählt, herangezogen wurde hierfür der über Infrarotspektroskopie ermittelte Konzentrationsabfall des Inhibitors bei 3650 cm^{-1}. [60, 71, 72]

Lfd. Nr.	Ölmerkmale	Frischöl	Oxidationsphase I	II	III	IV
1	Kinematische Viskosität, cSt bei 50°C	23,22	23,5	24,11	24,3	25,1
2.	Wasserlösliche Säuren	keine	keine	keine	keine	keine
3.	Demulgiervermögen (40-3-37), Minuten	7	7	10	20	>60
4.	Schäumungseigenschaften, ml 50°C 25°C	 25-0 30-0	 25-0 25-0	 25-0 30-0	 30-0 40-0	 30-0 40-0
5.	Additivkonzentration % Gw.	1,64	1,30	0,53	0,40	0,1

Tabelle 20: Oxidationsphasen bei thermischer Oxidation

Wie aus obiger Tabelle erkennbar, haben sich bei diesem Öl die Schäumungseigenschaften im Verlauf der Oxidationsphasen nicht wesentlich verändert, während andere Merkmale wie Demulgiervermögen, Additivkonzentration und der Nachweis wasserlöslicher Säuren über die Versuchsdauer deutlich erkennbare Veränderungen aufweisen, die den sicheren Betrieb der Turbinen gefährden könnten; somit wäre laut Betriebsvorschriften ein Ölwechsel erforderlich. [69, S. 124]

Diese Versuchsreihen wurden mit Gebrauchtölen aus Kraftwerken, die vergleichbare Alterungszustände aufwiesen, unter Hinzufügung von Schlamm wiederholt. Die Ergebnisse waren durchaus mit den im Labor gealterten Ölen vergleichbar, d. h., die Schäumungseigenschaften haben sich durch Schlammzugabe nicht wesentlich verändert, selbst bei fortgeschrittenen Oxidationsgraden.

8.1.3 Einfluss der Verunreinigungen auf das Demulgiervermögen

Neben metallischen Verunreinigungen fallen während der Öloxidation im Betrieb, auch Alterungsprodukte organischer Natur an, die sich letztendlich in Form von Schlamm im Schmierungs- und Reglerkreislauf absetzen.

Organische Verunreinigungen können auch über Inkompatibilitäten der Öle auftreten, was beispielsweise bei nicht sachgemäßen Nachfüllungen durchaus eintreten kann, oder gar durch Verunreinigungen der Umlauföle mit unlöslichen Komponenten.

Um den Einfluss organischer Verunreinigungen auf die Turbinenöle zu ermitteln, wurde Schlamm aus einem Umlaufsystem entnommen und in unterschiedlicher Konzentration in je drei Turbinenölen, unterschiedlicher Viskosität, eingebracht. Es sollte der Einfluss sowohl von metallischen Verunreinigungen und organischen Verunreinigungen auf das Demulgierverhalten bestimmt werden, wobei beide Verunreinigungsarten (metallisch und organisch) in gleichen Konzentrationen hinzugefügt wurden.

Der aus einer Turbine entnommene Schlamm wurde nicht auf seine chemische Zusammensetzung untersucht, sondern in den Versuchsreihen als globale Verunreinigung verwendet. Die Ergebnisse sind in Tabelle 21 aufgeführt.

Probenbezeichnung	Demulgierzeit für 40-0-40 ml, Min.					
	Verunreinigungen %					
	metallisch			Schlamm aus Ölkreislauf		
	0	0,01	0,03	0	0,01	0,03
Öl A, 20 cSt/50°C	19	21	22	19	36	42
Öl B, 30 cSt/50°C	16	20	22	16	48	55
Öl C, 40 cSt/50°C	20	20	28	22	38	60

Tabelle 21: Einfluss von Verunreinigungen auf das Demulgiervermögen

Es ist zu erkennen, dass der Einfluss der metallischen Verunreinigungen, im Vergleich zu den mit Schlamm erzielten Ergebnissen, geringer ist.

Während bei metallischem Abrieb das Demulgiervermögen zwar ansteigt, ist bei organischem Schlamm, der aus dem Ölkreislauf einer Turbine entnommen wurde, eine viel größere Verschlechterung des Demulgiervermögens festzustellen, bei einer Konzentration von 0,03 % wird der Grenzwert von 60 Minuten erreicht.

Zur Ermittlung des Einflusses von Verunreinigungen auf das Demulgier-vermögen der Öle wurden Versuche mit Frischölen und im Betrieb gealterten Turbinenölproben durchgeführt.

Allgemein werden bei legierten Turbinenölen, bedingt durch die Korrosionsinhibitoren, welche die Grenzflächenspannung Wasser-Öl herabsetzen, höhere Demulgierzeiten im Vergleich zu unlegierten Ölen erzielt.

Die mit unlegierten Frischölen erzielten Ergebnisse sind in Tabelle 26 dargestellt.

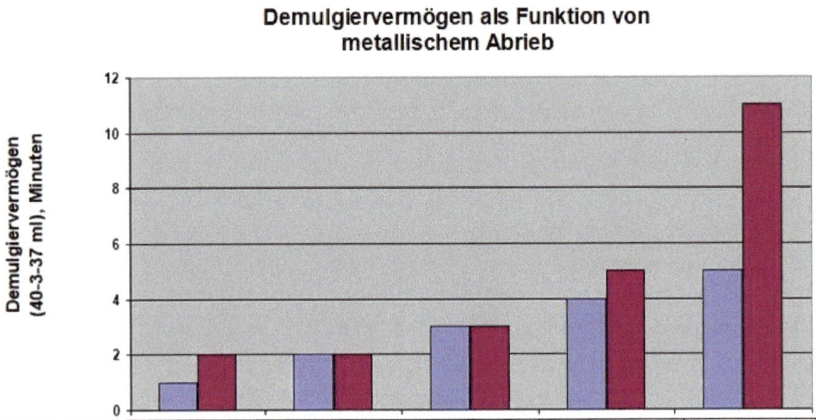

	0	0,005	0,01	0,015	0,02
Reihe 1	1	2	3	4	5
Reihe 2	2	2	3	5	11

Tabelle 22: Einfluss von metallischen Verunreinigungen auf das Demulgiervermögen von Frischölen [70]

Mit legierten Ölen verschiedener Viskosität wurden Versuche zur Ermittlung des Einflusses metallischer und organischer Verunreinigungen durchgeführt. Die Ergebnisse sind in Tabelle 23 zusammengefasst.

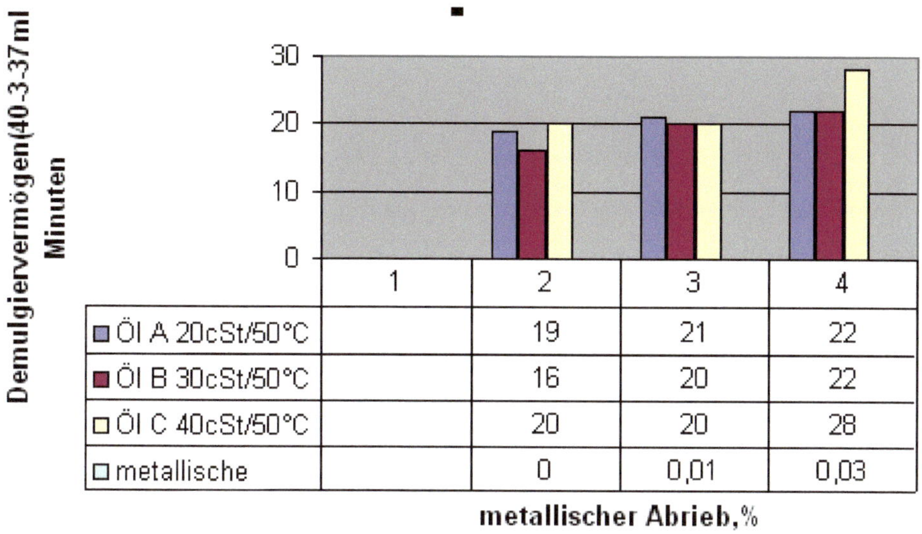

	1	2	3	4
Öl A 20cSt/50°C		19	21	22
Öl B 30cSt/50°C		16	20	22
Öl C 40cSt/50°C		20	20	28
metallische		0	0,01	0,03

Tabelle 23: Einfluss metallischer Verunreinigungen auf das Demulgiervermögen legierter Öle unterschiedlicher Viskosität

Der durch die Ölalterung im Betrieb entstandene Schlamm wirkt sich ebenfalls negativ auf das Demulgiervermögen aus, wie aus Tabelle 24 erkennbar.

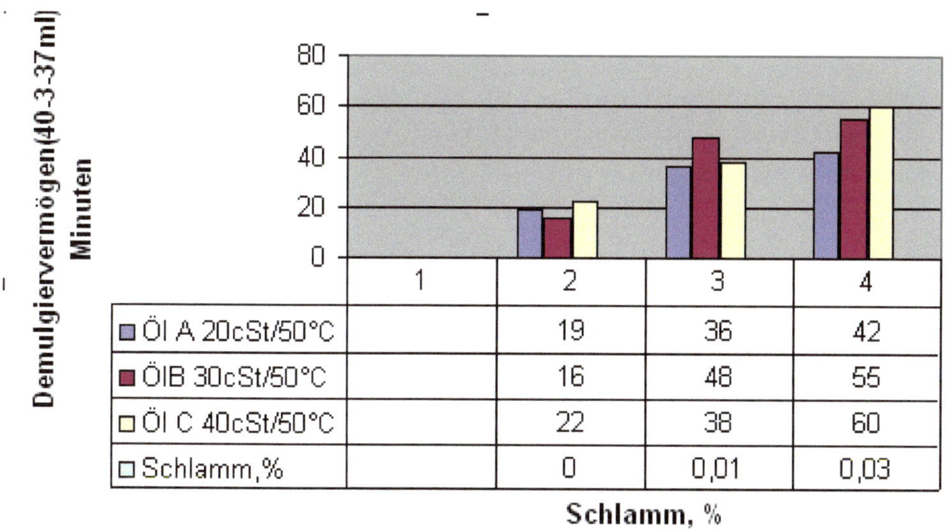

	1	2	3	4
Öl A 20cSt/50°C		19	36	42
ÖlB 30cSt/50°C		16	48	55
Öl C 40cSt/50°C		22	38	60
Schlamm,%		0	0,01	0,03

Tabelle 24: Einfluss von Schlammablagerungen auf das Demulgiervermögen

Die Ergebnisse mit den im Betrieb gealterten Öle haben generell die im Labor durchgeführten Versuche bestätigt, d. h., Verunreinigungen verschlechtern die Werte der wichtigsten Bewertungskriterien.

Der Einfluss auf die wichtigsten Bewertungskriterien hängt von der Natur und Konzentration der Verunreinigungen ab, wobei der Oxidationsgrad der Öle eine wesentliche Rolle spielt.

8.2 Strukturgruppenanalyse

Die Mineralöle, ein Gemisch aus aromatischen, paraffinischen und naphthenischen Kohlenwasserstoffen, die in den modernen Turbinen in einem geschlossenen Umlaufsystem die komplexe Rolle eines Schmierstoffes, eines Kühlmittels und einer Reglerflüssigkeit erfüllen müssen, zeichnen sich durch hohe Qualität aus. Der sichere Betrieb der Turbinen bei Standzeiten von 100.000 Stunden und darüber stellen an die Ölhersteller, aber auch an die Betreiber höchste Anforderungen. Diese können aber nur bei genauer Kenntnis der im Frischöl befindlichen Kohlenwasserstoffe und deren Verhalten im „Alterungsprozess" erfüllt werden.

Hilfreiche Informationen hierfür werden in den nachfolgenden Ausführungen zusammengestellt.

8.2.1 Strukturgruppenbestimmung nach Berthold

Die zusammensetzungsabhängige Qualität der Turbinenöle kann indirekt durch die Ergebnisse der verschiedenen Bewertungskriterien ausgedrückt werden, doch haben sich in den letzten Jahren die direkten Methoden, von denen die spektroskopischen eine ganz besondere Stellung einnehmen, durchgesetzt. [1, 14, 16, 24, 93, 109, 111, 115, 127, 130, 163]

Infrarotspektroskopie ist eine physikalisch-analytische Methode, die infrarote Strahlung im Wellenbereich von 4000 bis 400 cm^{-1} zur Anregung von Energiezuständen in Molekülen verwendet, die sowohl zur quantitativen Bestimmung von bekannten Substanzen als auch zur Strukturaufklärung unbekannter Substanzen angewendet wird.

Die Bestrahlung eines Öles mit elektromagnetischen Wellen führt zur Absorption bestimmter Frequenzbereiche, d. h. zu einer Schwingungsanregung der Bindungen einzelner Moleküle, und somit kann die IR-Spektroskopie zur Strukturaufklärung herangezogen werden.

Eine Wechselwirkung zwischen elektromagnetischer Strahlung und einem Molekül kann aber nur auftreten, wenn das Molekül ein veränderbares oder ein induziertes Dipolmoment aufweist, d. h. es IR-aktiv ist.

Strukturen mit Atomkernen verschiedener Massen bzw. Bindungskräfte weisen verschieden starke Absorptionsbanden auf und absorbieren in jeweils charakteristischen Bereichen.

Somit zeigen bestimmte funktionelle Gruppen gleiche Absorptionen im IR-Spektrum auf, selbst dann, wenn sie in ganz verschiedenen Verbindungen vorkommen. [65]

Ein IR-Spektrum stellt die Transmission der IR-Strahlung als Funktion der Wellenlänge dar. Die Transmission stellt, bei einer bestimmten Wellenlänge, das Verhältnis der Intensität der IR-Strahlung bei Eintritt in eine Messzelle zur Intensität bei Austritt aus der Messzelle dar.

$T = I/I_0$

wobei:

T: Transmission (Durchlässigkeit)
I: Eingangsintensität
I_0: Ausgangsintensität der IR-Strahlung

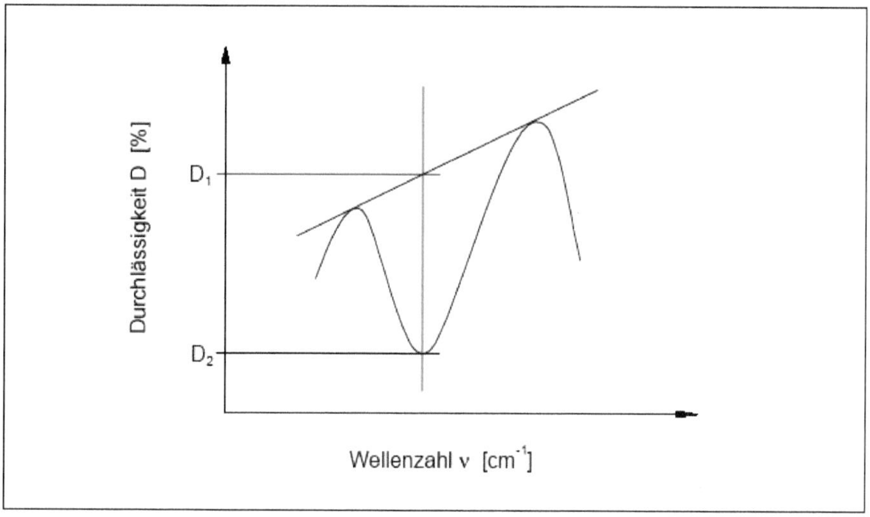

Abb. 45: IR-Spektrum

Der Kehrwert der Transmission führt zur Absorption, wie aus folgender Formel hervorgeht:

A = Log (1/T),

wobei

A: Absorption (Extinktion)
T: Transmission

Die Darstellung der IR-Spektren über Absorption ist dadurch vorteilhaft, da sie proportional der optischen Weglänge der Messzelle und der Konzentration ist.

Die wichtigsten Begriffe zum Verständnis der IR-Messmethodik sind in Tabelle 25 zusammengefasst.

Begriff	Symbol	Definition
Strahlungsintensität der in die Probe eintretenden (austretenden) Strahlung	I_0, I	-
Transmission	T	$T = I / I_0$
Extinktion	E	$E = -\log T = \log (I_0 / I)$
linearer (dekadischer) Absorptionskoeffizient	K	K = E / d
molarer (dekadischer) Extinktionskoeffizient	ε	$\varepsilon = E / (c \cdot d)$
Konzentration	c	-
durchstrahlte Schichtdicke	d	-

Tabelle 25: IR-Begriffe [65]

Die Anwendung der IR-Spektroskopie in der quantitativen Analytik erfolgt durch das Lambert-Beer'sche Gesetz:

$E = \varepsilon.c.d,$

wobei
E: Extinktion
C: Konzentration der absorbierenden Substanz
D: Schichtdicke der Messzelle
e: molarer Extinktionskoeffizient

Nach Absorption der IR-Strahlung entsteht eine Absorptionsbande deren Lage charakteristisch ist für die Gruppe der an der Schwingung beteiligten Atome und kann dadurch für die entsprechende Gruppe zur Strukturgruppenbestimmung herangezogen werden.

Zur spektroskopischen Strukturgruppenanalyse von Mineralölprodukten kommt heute immer häufiger die von Brandes G. [24] entwickelte und von Berthold P. [16] verbesserte IR-Variante der n-d-M-Methode (n = Brechungsindex, d = Dichte, M = Molmasse) [155] zum Einsatz. Dabei wird der Prozentgehalt an parrafinisch (% C_P) aromatisch (% C_A) und naphthenisch (% C_N) gebundenen Kohlenstoff im mittleren Molekül des Untersuchungsöls bestimmt. Diese Methode erfordert einen geringen Messaufwand ist relativ einfach und daher weit verbreitet. Die Grundmängel der n-d-M-Methode gehen aber auch in die IR-Variante ein, und zwar die Zugrundelegung der vereinfachenden Annahmen, dass alle im mittleren Molekül vorliegenden Ringe durch Kata-Kondensation miteinander verbunden und alle naphthenischen Ringe sechsgliedrig sind.

Dadurch, dass der Anwendungsbereich auf Produkte mit mittleren Molmassen zwischen 290 und 500 begrenzt ist, sind diese Methoden mit Nachteilen behaftet zu welchen man auch noch die Einschränkung durch Grenzen im zulässigen Gesamtring- und Aromatenringgehalt, hinzufügen muss.

Die Zuordnung der Maximalextinktion der CH_2-Rockingschwingung bei 720 cm^{-1} zu dem Gehalt an paraffinisch gebundenen C-Atomen, stellt eine unzulässige Vereinfachung dar, da diese Bande in aromatenhaltigen Produkten gestört ist. Der dabei anfallende Störungsgrad ist nicht genau zu definieren und kann durch die Grundlinienlegung nicht ausgeglichen werden.

Zahlreiche Untersuchungen im Labor sollten die Anwendbarkeit dieser Methode für mineralölbasische Turbinenöle prüfen.

Die Bestimmungsgleichungen des neuen Verfahrens nach Berthold zur spektrometrischen Strukturanalyse, sind in Tabelle 26 zusammengefasst.

Nr.	Bestimmungsgleichungen (für M = 400)	Fehler	
		Δx_{CH_3}	Δz_{CH_3}
1	$x_{CH_3}^{1380} = 0{,}00872\,\varepsilon_{1380\,cm^{-1}}^{max} - 0{,}0339$	±0,001	±0,03
2	$x_{CH_2/N}^{970} = 0{,}269\lg(10\,\varepsilon_{970\,cm^{-1}}^{max}) + 0{,}032$	±0,001	±0,3
3	$x_{C_A}^{1610} = 0{,}101\,\varepsilon_{1610\,cm^{-1}}^{max} + 0{,}007$	±0,01	±0,3
4	$x_{CH_2/NP} = x_{(CH_3-CH_2/NP)}^{2960} - x_{CH_3}^{1380}$ $= 0{,}00163\,\varepsilon_{2960\,cm^{-1}}^{max} - x_{CH_3}^{1380}$	±0,02	±0,4
5	$x_{CH_2/NH^+} = x_{CH_2/N}^{970} - x_{CH_2/NP}$	±0,1	±0,3
6	$x_{CH_2/P} = x_{(CH_2/P-CH_2/NH^+)}^{2930} - x_{CH_2/NH^+}$ $= (0{,}00126\,\varepsilon_{2930\,cm^{-1}}^{max} - 0{,}103) - x_{CH_2/NH^+}$	±0,01	±0,3
7	$x_{CH+C_q} = 1 - \sum x(1,2,3,6)$		

Tabelle 26: Strukturgruppenbestimmung nach Berthold P. [16]

Da die CH_2-Rockingschwingung im Bereich zwischen 690 und 810 cm^{-1} durch aromatische Strukturen gestört wird, kann der Gehalt an aliphatischen Methylengruppen in diesem Bereich nicht bestimmt werden.

Der Molanteil an Methylgruppen X_{CH3} kann aus dem Maximalextrinktions-Koeffizienten der Deformationsschwingungsbande bei 1380cm^{-1} ermittelt werden.

Die Intensität dieser Bande ist bei Methylgruppen in α-Stellung zum aromatischen System, gegenüber allen anderen Methylgruppen vermindert, und die an zahlreichen Untersuchungsprodukten durchgeführten kernresonanzspektroskopischen Messungen ergaben eindeutig, dass α-Methylgruppen gar nicht oder kaum vorliegen.

Im CH-Valenzschwingungsbereich sind folgende Kohlenwasserstoff-Gruppen an den Absorptionsbanden beteiligt:

2960 cm^{-1}: Methylgruppen und naphthenische Methylengruppen in fünfgliedrigen Ringen

2930 cm^{-1}: aliphatische Methylengruppen und naphthenische Methylengruppen in Ringen mit sechs und mehr Gliedern sowie in mehrkernigen Ringsystemen

Über Testmessungen wurde ermittelt, dass die Bestimmung des Maximalextinktions-Koeffizienten bei 2930 cm^{-1} und 2960 cm^{-1} in Gegenwart von Aromaten ungestört verläuft, unter der Bedingung, dass das gleiche Bandenauswertungssystem wie bei den gesättigten Produkten angewandt wird.

Der Gehalt an naphthenischen Methylengruppen in fünfgliedrigen Ringen kann aus der Differenz der bei 1380 cm^{-1} ermittelten Absorptionsanteile bestimmt werden.

Bei Verwendung der Bande bei 2930 cm^{-1} ergeben sich zunächst Schwierigkeiten, da kein zusätzliches Argument für eine der beiden beteiligten Methylengruppen nach Wegfall der Auswertbarkeit des CH_2-Rockingschwingungsbereiches zur Verfügung steht und offenbar auch keine andere Absorptionsbande im IR-Spektralbereich zur ungestörten Bestimmung des Gehaltes an aliphatischen Methylengruppen geeignet ist.

Dieses Problem könnte nur durch die Auffindung einer weiteren Schlüsselbande für naphthenische Methylengruppen gelöst werden, was auch durch die Einführung der bei 970 cm^{-1} liegenden Bande zur Bestimmung des Gehaltes an naphthenischen Methylengruppen insgesamt gelang.

Die aromatischen Kohlenwasserstoffe werden bei 1610 cm^{-1} über die C = C-Valenzschwingung bestimmt. Der tertiäre und quaternäre Kohlenstoff wird über Formel 7 aus obiger Tabelle errechnet.

Die Intensitätseichung mit Testkohlenwasserstoffen (Berthold P.) und die Überprüfung mit praktischen Untersuchungsprodukten haben gezeigt, dass die Bande in gesättigten und aromatischen Kohlenwasserstoff-Gemischen gleichermaßen gut auswertbar ist und von keiner Fremdabsorption gestört wird.

8.2.2 Vergleich zwischen Berthold und n-d-M-Methode

Um die Ergebnisse der erweiterten IR-Methode mit denen der „klassischen“ IR-n-d-M-Variante zu vergleichen, wurden fünf mineralölbasische, unlegierte Turbinenöle über beide Strukturbestimmungsverfahren geprüft. Die erarbeiteten Ergebnisse sind in Tabelle 27 zusammengestellt.

		IR – ndM			IR – erweiterte Methode						
Nr.	Probe	$\% C_P$	$\% C_A$	$\% C_N$	$x^{1380}_{CH_3}$	$x^{970}_{CH_2/N}$	$x^{1610}_{C_A}$	$x_{CH_2/NP}$	$x_{CH_2/NH}$	$x_{CH_2/P}$	x_{CH+C_q}
1	Öl A	57.57	7,53	34,90	0,2577	0,2513	0,0753	0,0543	0,1970	0,3791	0,0366
2	Öl B	57.50	7,94	34,56	0,2530	0,2640	0,0794	0,0402	0,2238	0,3197	0,0839
3	Öl C	56.98	5,02	38,00	0,2240	0,2698	0,0502	0,0994	0,1704	0,4546	0,0014
4	Öl D	57,20	5,35	37,45	0,2214	0,2225	0,0535	0,0799	0,1426	0,4406	0,0620
5	Öl E	56,80	6,18	37,02	0,2443	0,2301	0,0618	0,0431	0,1870	0,3838	0,0800

Tabelle 27: Vergleich zwischen IR-n-d-M und der erweiterten IR-Methode nach Berthold

Es ist leicht zu erkennen, dass z. B. Öl A und Öl B über die Anwendung der IR-n-d-M-Methode praktisch identische Zusammensetzungen zeigen, während die erweiterte IR-Methode deutliche Unterschiede bei der Zusammensetzung der gesättigten Strukturgruppen aufzeigt und außerdem noch zusätzliche, sehr wichtige Informationen zu der Struktur der im Öl enthaltenen Kohlen-wasserstoffe liefert.

Interessant war nun die Frage, wie die von Berthold erarbeitete Struktur-gruppen-Bestimmungsmethode auf technologisch oder oxidativ bedingte Strukturänderungen anspricht. Hierfür wurden zahlreiche Ölproben untersucht.

In Abbildung 46 sind die Spektren für ein Rohöl aufgezeichnet und in Abbildung 47 die Spektren des gleichen Rohöls nach technologischer Verarbeitung, d. h. nach Entparaffinierung (Raffination und Bleichen), welches als Grundöl definiert wurde. [71]

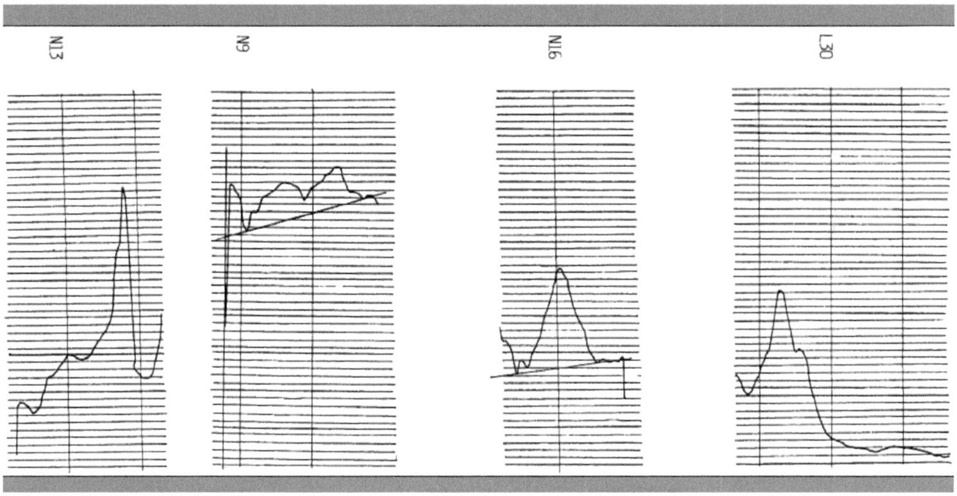

Abb. 46: IR-Spektren für ein Rohöl

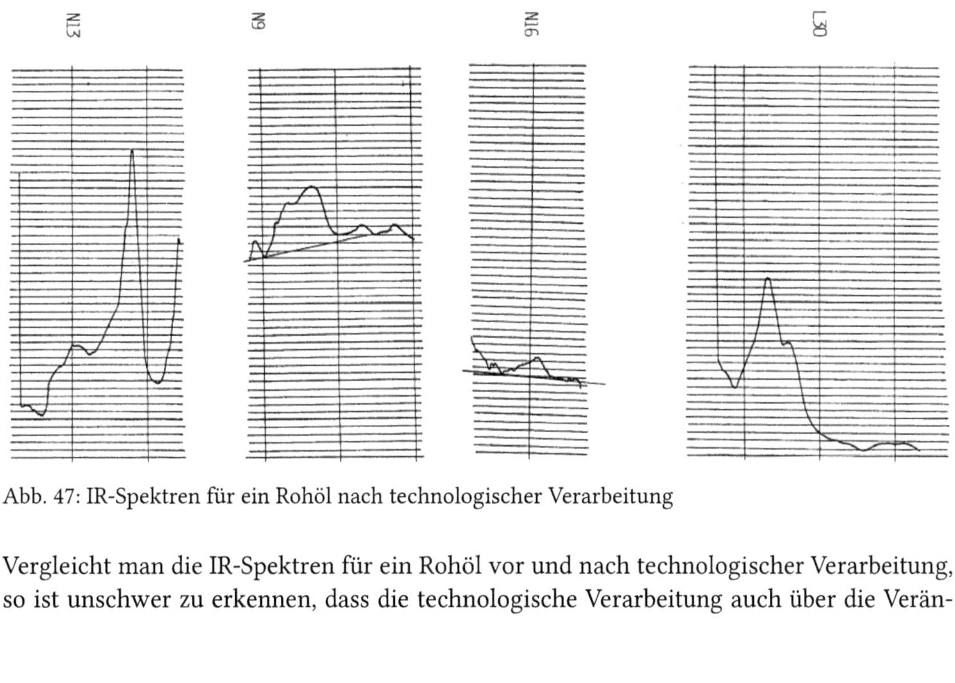

Abb. 47: IR-Spektren für ein Rohöl nach technologischer Verarbeitung

Vergleicht man die IR-Spektren für ein Rohöl vor und nach technologischer Verarbeitung, so ist unschwer zu erkennen, dass die technologische Verarbeitung auch über die Veränderung der Strukturgruppen sichtbar wird. Die Spektren zeigen, dass nach Verarbeitung des Rohöls der Aromatengehalt deutlich verringert wurde und einige Komponenten, in deren gesättigter Struktur sich tertiäre und quaternäre Kohlenwasserstoffatome befinden, entfernt werden konnten.

Die Ergebnisse der nach Berthold errechneten Strukturgruppen sind in Tabelle 28 zusammengefasst.

Nr.	Struktur-gruppe	Rohöl-fraktion	Grund-öl
1	$x_{CH_3}^{1380}$	0,2148	0,2506
2	$x_{CH_2/N}^{970}$	0,2480	0,2590
3	$x_{C_A}^{1610}$	0,1806	0,0416
4	$x_{CH_2/NP}$	0,0283	0,0658
5	x_{CH_2/NH^+}	0,2197	0,1932
6	$x_{CH_2/P}$	0,1998	0,3567
7	$x_{CH + C_q}$	0,1568	0,0921

Tabelle 28: IR-Strukturgruppenanalyse: Rohölfraktion und Grundöl

Die aufgezeigten Strukturveränderungen, in Abhängigkeit von technologischen Verarbeitungsprozessen, haben gezeigt, dass derartige Bestimmungen in Zukunft gezielt eingesetzt werden könnten, um technologisch relevante Ergebnisse zu erzielen.

8.3 Thermo- und photooxidative Ölalterung im Labor

8.3.1 Photooxidative Ölalterung

Aufgrund dieser Ergebnisse wurde der Versuch unternommen, die erweiterte IR-Methode auch als Instrument zur Strukturbestimmung in einer Vergleichs-studie von photo- und thermochemischer Oxidation heranzuziehen.

Es wurde eine bisher ungeprüfte photochemische Oxidationsmethode [136] im Vergleich zu thermochemischer „Ölalterung" getestet mit der Erwartung, eine neue, rapide Oxidationsmethode zur Alterungsbeständigkeit der Turbinenöle zu nutzen, ohne dabei die Richtung der Oxidationsabläufe zu verändern, sondern nur deren Intensität.

Für diese Untersuchungen wurden zwei Typen von legierten Turbinenöle (Öl A und Öl B), unterschiedlicher Viskosität, photochemisch, unter nachstehenden Bedingungen, im Labor oxidiert:

- Probenmenge 100 ml Öl
- Temperatur 100° C
- Sauerstoffzufuhr im offenen Oxidationsgefäß
- in Gegenwart eines Katalysators (Kupferspirale laut ASTM-D-2272)

Als Strahlungsquelle diente eine 400-W-UV-Lampe.

Die genaue Versuchsanordnung ist in Abbildung 48 zu erkennen.

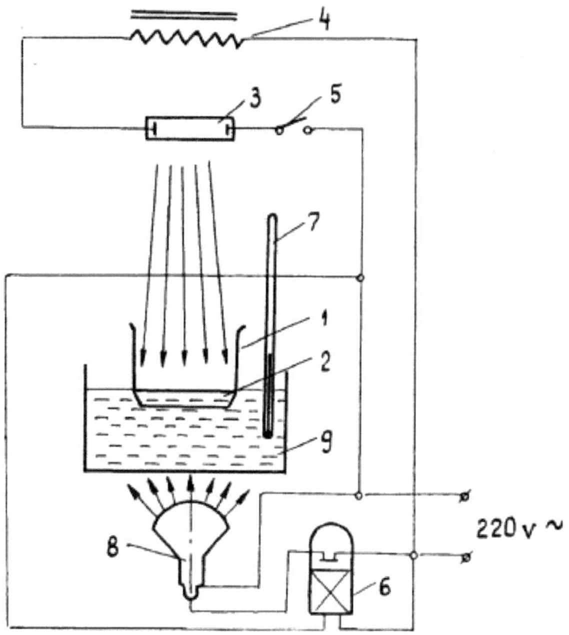

Abb. 48: Gerät zur photochemischen Oxidation [130]

1: Griffin-Becher, 2: Ölprobe, 3: UV-Strahlungsquelle (400 W), 4: Stoßstromspule, 5: Unterbrecherkontakt, 6: Zwischenrelais, 7: Kontaktthermometer, 8: IR-Strahlungsquelle (250 W), 9: Ölbad

Der in den legierten Turbinenölen verwendete Oxidationsinhibitor (2,6 Di-tert. Butyl-4 Methyl-Phenol) wurde während des Ölalterungsprozesses quantitativ bestimmt. Hierfür wurden die C-OH-Valenzschwingung bzw. die aufgezeichneten Absorptionsspektren unter Nutzung einer Eichkurve quantitativ erfasst und zur Festlegung unterschiedlicher Oxidationsphasen herangezogen. Zur Bestimmung der Alterungsprodukte wurden die IR-Spektren bei 1710 cm^{-1} ausgewertet. Die festgelegten Oxidationsphasen sowie der Anstieg der Alterungsprodukte sind für das Öl A, in Tabelle 29 zusammengefasst.

Während die Additivkonzentration den für Turbinenöle im Betrieb festgelegten Grenzwert von 0,05 % erreicht [69], verzeichnen die Extinktionen für die bei 1710 cm^{-1} gemessenen Alterungsprodukte einen deutlichen Anstieg.

Proben-benennung	**% Add.**	**$E_{1710 cm^{-1}}$**
Frischöl-A	1,34	0
Oxidationsphase „a"	1,10	0,079
Oxidationsphase „b"	0,65	0,122
Oxidationsphase „c"	0,05	0,166

Tabelle 29: Additivkonzentration für Frischöl und oxidierte Öle

Für das Öl A wurden, jeweils bei festgelegten Oxidationsphasen der photochemischen Alterung, Proben entnommen und deren physikalische Eigenschaften als auch die wichtigsten Bewertungskriterien, untersucht.

Die somit erhaltenen Werte aus Tabelle 29 zeigen, dass das Frischöl A schon in Oxidationsphase „a" einen Anstieg der Viskosität, der Neutralisationszahl, des Demulgiervermögens bei gleichzeitigem Abfall der Induktionsperiode zeigt, obwohl noch keine wasserlöslichen Säuren vorhanden und somit keine Rostgefahr besteht. Der Oxidationsvorgang ist in Phase „b" erkennbar fortgeschritten und erreicht in Phase „c" Werte für Viskosität, Neutralisationszahl, Additivkonzentration, die bei gleichzeitiger Verschlechterung der Bewertungskriterien wie Schäumungseigenschaften, Demulgiervermögen und Induktionsperiode und nachgewiesener Korrosivität, ein baldiges Ende der Einsatzzeiten der Öle im Betrieb, erkennen lassen. Einen Überblick der erzielten Ergebnisse bietet Tabelle 30.

Technische Daten	Frischöl A	Oxidationsphasen "a",	"b",	"c"
Kinematische Viskosität cSt/50°C	25,24	25,85	26,65	28,83
Neutralisationszahl mg KOH/g Öl	0,09	0,21	0,37	0,48
wasserlösliche Säuren	nicht vorhanden	nicht vorhand.	anwesend	
Demulgiervermögen (40-3-37 ml) Minuten	7	25	45	60
Induktionsperiode (Rotary-Bomb)	240	160	90	35
Stahlfingerkorrosion	kein Rost	kein Rost	schwach korrosiv	korrosiv
Schäumungseigenschaften ml bei 25°C	300-0	290-0	300-0	320-10
94°C	80-0	100-0	90-0	110-0
R25°C	320-0	300-0	310-0	330-10
Luftabscheidevermögen Minuten bei 25°C	3	4	6	7
bei 50°C	2	2	3	4
Additivkonzentration % Gew.	1,34	1,10	0,65	0,05

Tabelle 30: Photochemische Oxidation für Öl A

Öl B wurde unter gleichen Bedingungen oxidiert, wobei hierfür vier Oxidationsphasen festgelegt wurden. Die Ergebnisse sind in Tabelle 31 zusammengefasst.

Technische Daten	Frischöl	Ö L B Oxidationsphasen "a"	"b"	"c"	"d"
Viskosität bei 50°C/cSt	29,90	30,12	31,05	31,85	33,80
Neutralisationszahl mg KOH/g Öl	0,12	0,23	0,31	0,38	0,47
wasserlösliche Säuren	n i c h t	v o r h a n d e n			anwesend
Demulgiervermögen Minuten (40-3-37) ml	10	15	23	38	60
Induktionsperiode, (Rotary Bomb) Minuten	380	230	155	105	35
Stahlfingerkorrosion	k e i n	R o s t			korrosiv
Schäumungseigenschaften ml bei 25°C	280-0	270-0	280-0	300-0	290-10
94°C	80-0	80-0	80-0	90-0	95-0
R 25°C	290-0	250-0	260-0	280-0	300-10
Luftabscheidevermögen Minuten bei 25°C	5	6	7	7	8
50°C	3	4	4	5	5
Additivkonzentration % Gew.	1,7	1,24	0,82	0,53	0,05

Tabelle 31: Photochemische Oxidation für Öl B

Auch bei der photochemischen Oxidation von Öl B sind, wie in Tabelle 31 dargestellt, deutliche Qualitätsminderungen, zu erkennen.

Wie auch bei Öl A, zeigt Öl B einen vergleichbaren Anstieg der Viskosität, der Neutralisationszahl sowie eine Verschlechterung der Schäumungseigenschaften und des Demulgiervermögens bzw. des Luftabscheidevermögens. Ebenso bilden sich während der photochemischen Oxidation saure Komponenten, die einen korrosiven Angriff bei dem Stahlfinger-Korrosionstest ergeben. Die Abnahme der Konzentration des Oxidationsinhibitors ist mit der Verringerung der Induktionsperiode gut korrelierbar. Die während der photochemischen Oxidation stattgefundenen Veränderungen lassen sich in den folgenden Abbildungen (49 bis 55), verfolgen.

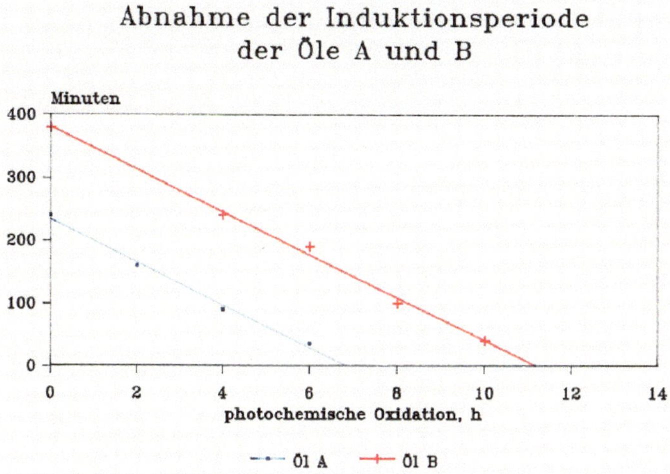

Abb. 49: Induktionsperiode

Die Induktionsperiode für Öl A fiel schon nach ca.7 Stunden und bei Öl B nach etwa 11 Stunden auf einen Wert, der dem Additivgrenzwert der Turbinenöle im Betrieb entspricht.

Über die unterschiedliche Additivkonzentration zeigen die Öle (1,34 %) und (1,7 %) auch einen unterschiedlichen Verlauf der Induktionsperioden während des Oxidationsprozesses (Abbildung 49).

Die letzte Phase, bei welcher der Additivgehalt verbraucht war, lässt auch weiterhin eine gute Korrelation zwischen der Additivkonzentration und den entsprechenden Induktionsperioden erkennen. Beide Öle hatten nach Erreichen des Additivgrenzwertes von 0,05 % eine Restinduktionsperiode von 35 Minuten.

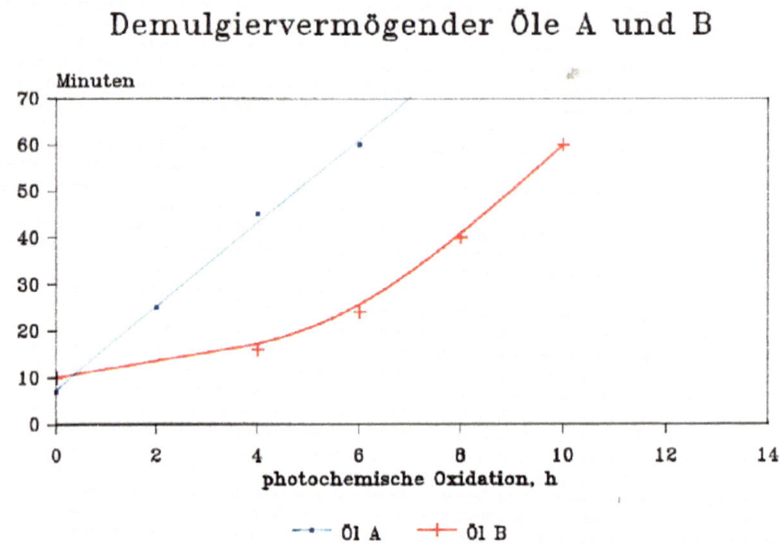

Abb. 50: Demulgiervermögen

Auch hier erkennt man, dass trotz ursprünglich gleicher Werte Öl A schon nach 6 Stunden den Grenzwert für Öle im Betrieb erreicht hat.

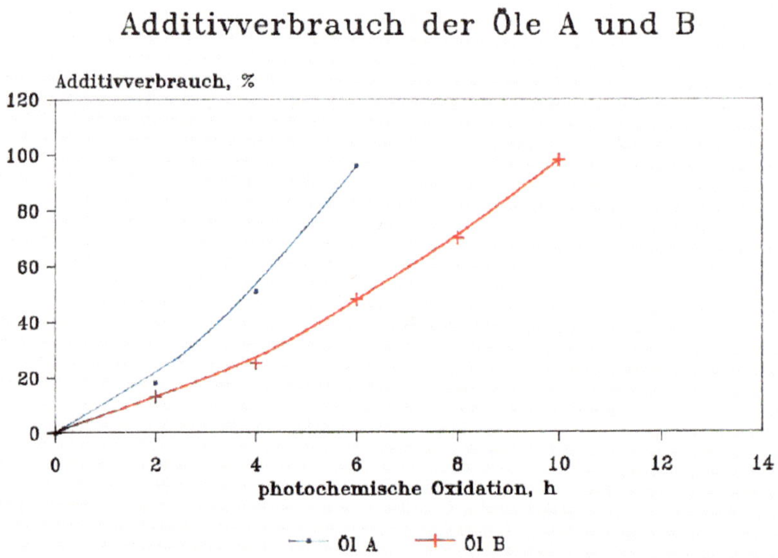

Abb. 51: Additivverbrauch

Den Verlauf des Additivverbrauches für Öl A und Öl B zeigt Abb. 51.

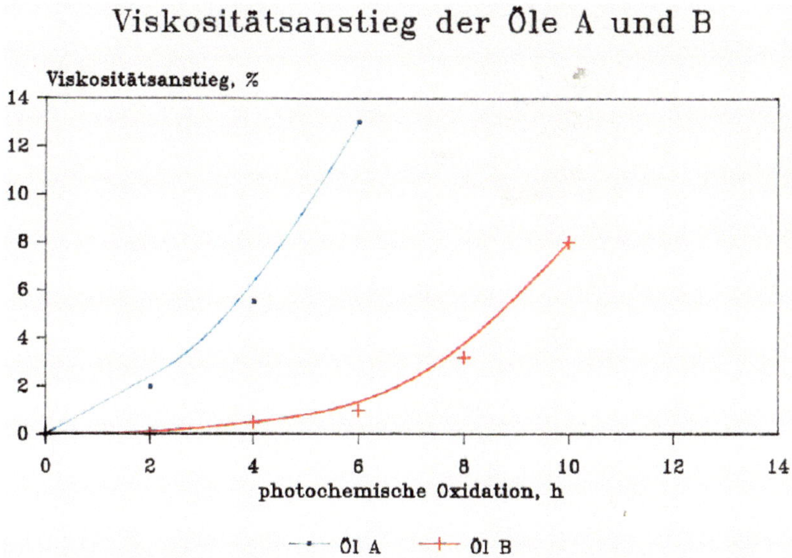

Abb. 52: Viskositätsanstieg

Während der photochemischen Oxidation stieg die Viskosität für Öl A um etwa 14 % an, während Öl B, nach wesentlich längerer Oxidationsexposition, trotz Verbrauch des Additivgehalts, um 13 % anstieg.

Diese Erkenntnis zeigt, dass bei der Ölalterung nicht ein einzelnes Kriterium zur Bewertung herangezogen wird, sondern die wichtigsten korreliert werden, um eine Entscheidung über die Qualität der Öle im Betrieb zu treffen.

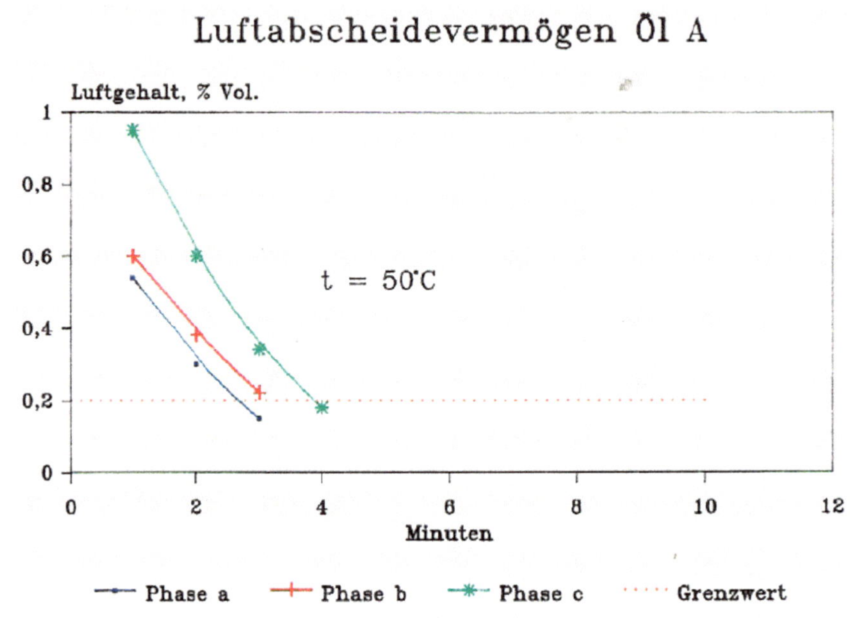

Abb. 53: Luftabscheidevermögen bei 50°C

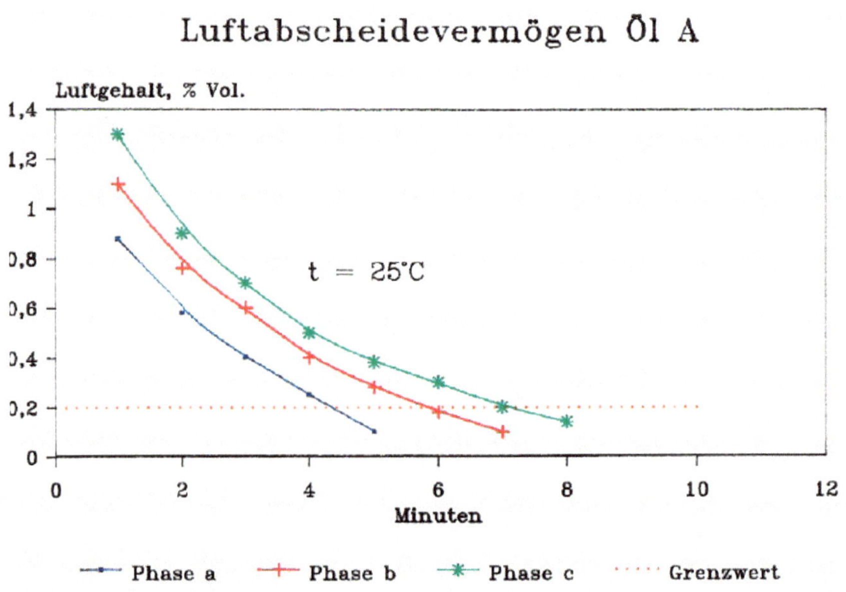

Abb. 54: Luftabscheidevermögen Öl A bei 25°C

Das Luftabscheidevermögen verschlechtert sich für Öl A während der photochemischen Oxidation, wie in Abbildung 53 und Abbildung 54 dargestellt, entsprechend den Oxidationsphasen sowohl bei 25°C als auch bei 50°C.

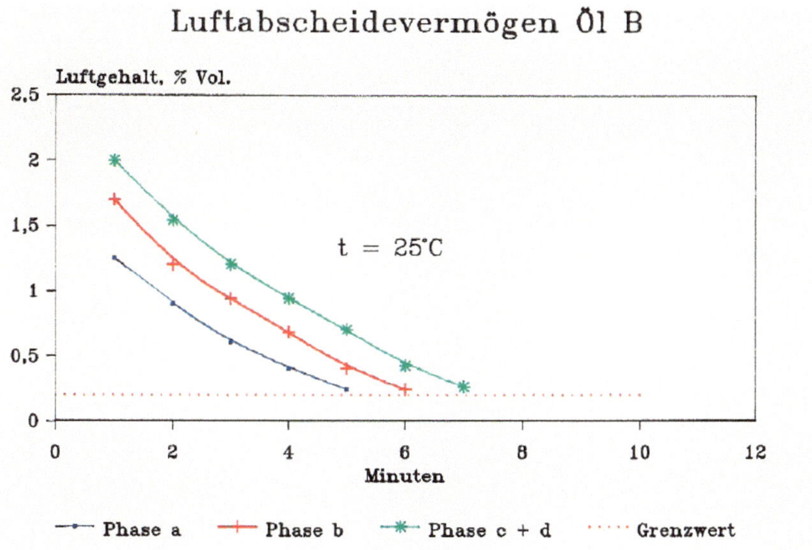

Abb. 55: Luftabscheidevermögen Öl B bei 25°C

Die Verschlechterung des Luftabscheidevermögens für Öl B bei 25°C ist in Abbildung 55 für die Oxidationsphasen der photochemischen Oxidation dargestellt.

Während Öl A, am Ende der Versuchsreihen, einen Anstieg des Luftabscheidevermögens von über 100 % erreichte, zeigte Öl B hierfür nur 66 %.

Die Veränderungen während des Oxidationsprozesses zeigen eine vergleichbare Tendenz, wobei die Intensitäten der Alterungsprozesse strukturabhängige und formulierungsabhängige Unterschiede aufweisen, d. h., die technologischen Verfahren und der Additivierungsgrad tragen wesentlich zur Oxidationsstabilität der Öle bei.

8.3.2 Thermochemische Ölalterung

Die Oxidation der Turbinenöle A und B wurde im Labor unter folgenden Bedingungen ausgeführt:

- Temperatur +120°C
- Probenmenge 300 ml Öl
- Luftzufuhr 2 l/h
- Katalysator Cu-Spirale nach ASTM-D-2272

Über die Additivkonzentration wurde versucht, vergleichbare Oxidationsgrade wie bei der photochemischen Alterung zu erreichen, Phasen, in welchen die Ölproben entsprechend untersucht wurden.

Technische Daten	Frischöl	Öl A Oxidationsphasen "a"	"b"	"c"
Viskosität, cSt./50°C	25,24	25,80	26,70	28,50
Neutralisationszahl mg KOH/g Öl	0,09	0,25	0,39	0,46
wasserlösliche Säuren	nicht	vorhanden	anwesend	
Demulgiervermögen Minuten (40-3-37) ml	7	20	35	60
Induktionsperiode Minuten (Rotary-Bomb)	240	145	80	35
Stahlfingerkorrosion	kein Rost	kein Rost	schwach korrosiv	korro- siv
Schäumungseigenschaften ml bei 25°C 94°C R25°C	300-0 80-0 320-0	300-0 45-0 310-0	310-0 100-0 320-0	320-10 90-0 310-10
Luftscheidevermögen 25°C 50°C	3 2	4 2	6 3	6 3
Additivkonzentration, % Gew.	1,34	1,03	0,58	0,05

Tabelle 32: Thermo-chemische Oxidation für Öl A

Technische Daten	Frischöl	Ö L B Oxidationsphasen "a"	"b"	"c"	"d"
Viskosität bei 50°C/cSt	29,90	30,12	31,05	31,85	33,80
Neutralisationszahl mg KOH/g Öl	0,12	0,23	0,31	0,38	0,47
wasserlösliche Säuren	nicht	vorhanden			anwesend
Demulgiervermögen Minuten (40-3-37) ml	10	15	23	38	60
Induktionsperiode, (Rotary Bomb) Minuten	380	230	155	105	35
Stahlfingerkorrosion	kein	Rost			korrosiv
Schäumungseigenschaften ml bei 25°C	280-0	270-0	280-0	300-0	290-10
94°C	80-0	80-0	80-0	90-0	95-0
R 25°C	290-0	250-0	260-0	280-0	300-10
Luftabscheidevermögen Minuten bei 25°C	5	6	7	7	8
50°C	3	4	4	5	5
Additivkonzentration % Gew.	1,7	1,24	0,82	0,53	0,05

Tabelle 33: Thermo-chemische Oxidation für Öl B

Die Veränderungen der physikalischen Eigenschaften sowie der relevanten Bewertungskriterien der Öle A und B während der thermo-chemischen Oxidation werden in den folgenden Abbildungen dargestellt.

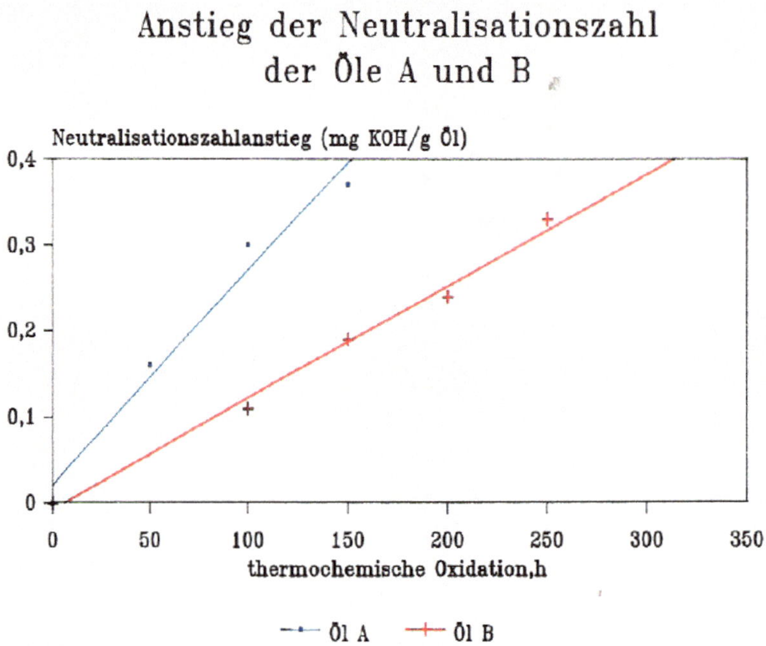

Abb. 56: Anstieg der Neutralisationszahl

Für Öl A ist ein deutlich schnellerer Anstieg der NZ erkennbar. Während Öl B etwa 300 Stunden benötigt, um den für im Betrieb festgelegten Grenzwert zu erreichen, tritt dieser Wert bei Öl A schon nach gut 150 Stunden ein.

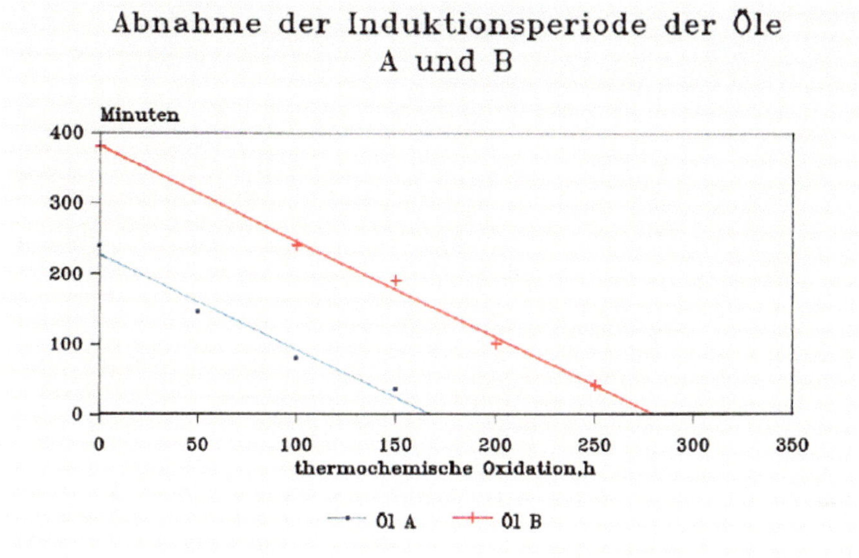

Abb. 57: Abnahme der Induktionsperiode

Der Anstieg der Neutralisationszahl, entsprechend Abbildung 56, zeigt eine gute Korrelation mit der Abnahme der Induktionsperioden der Öle während der Oxidation, wie in Abbildung 57 erkennbar.

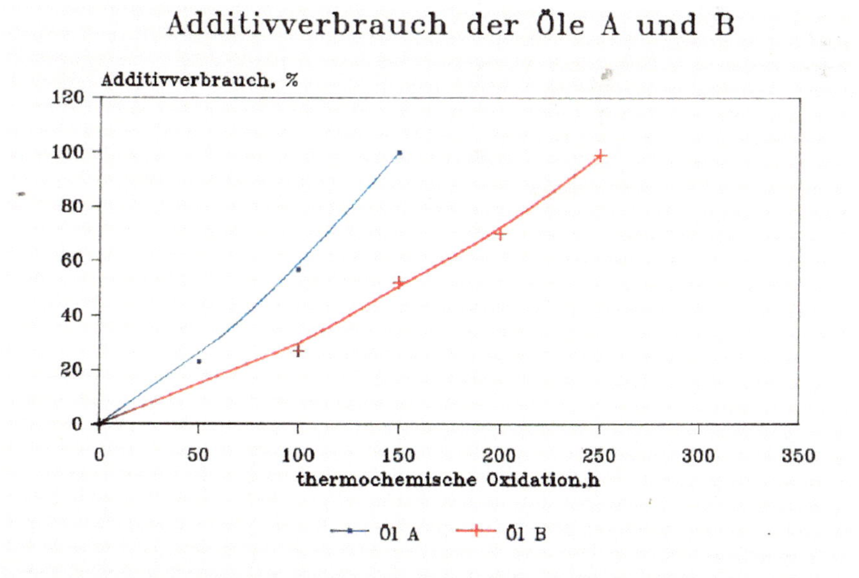

Abb. 58: Additivverbrauch

Das unterschiedliche Alterungsverhalten der Öle A und B während der thermochemischen Oxidation im Labor spiegelt sich auch im Verlauf der in Abbildung 58 dargestellten Ergebnisse für die Additivkonzentration wider.

Bei Öl A ist die Additivkonzentration nach etwa 100 Stunden und bei Öl B erst nach 260 Stunden abgebaut.

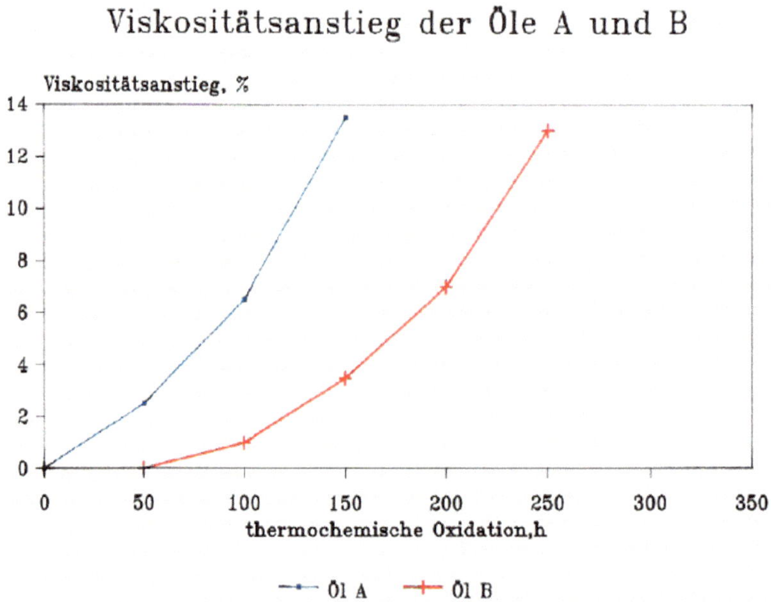

Abb. 59: Viskositätsanstieg

Auch hier in Abbildung 59 ist ein deutlicher, alterungsbedingter Unterschied im Viskositätsanstieg der Öle A und B über die Dauer des Oxidationsversuches erkennbar.

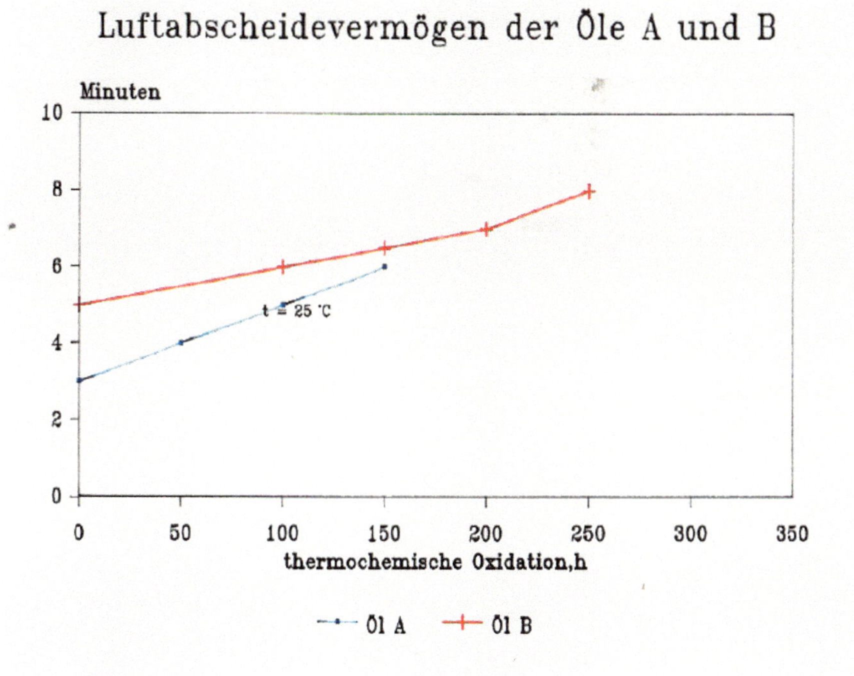

Abb. 60: Luftabscheidevermögen für Öl A und Öl B

Während für Öl A ein Luftabscheidevermögen von 3 Minuten und für Öl B von 5 Minuten bei 25°C gemessen wurden, also gut vergleichbar, zeichneten sich nach längerer Dauer des Oxidationsversuches bei Öl A im Vergleich zu Öl B deutliche Unterschiede im Kurvenverlauf ab.

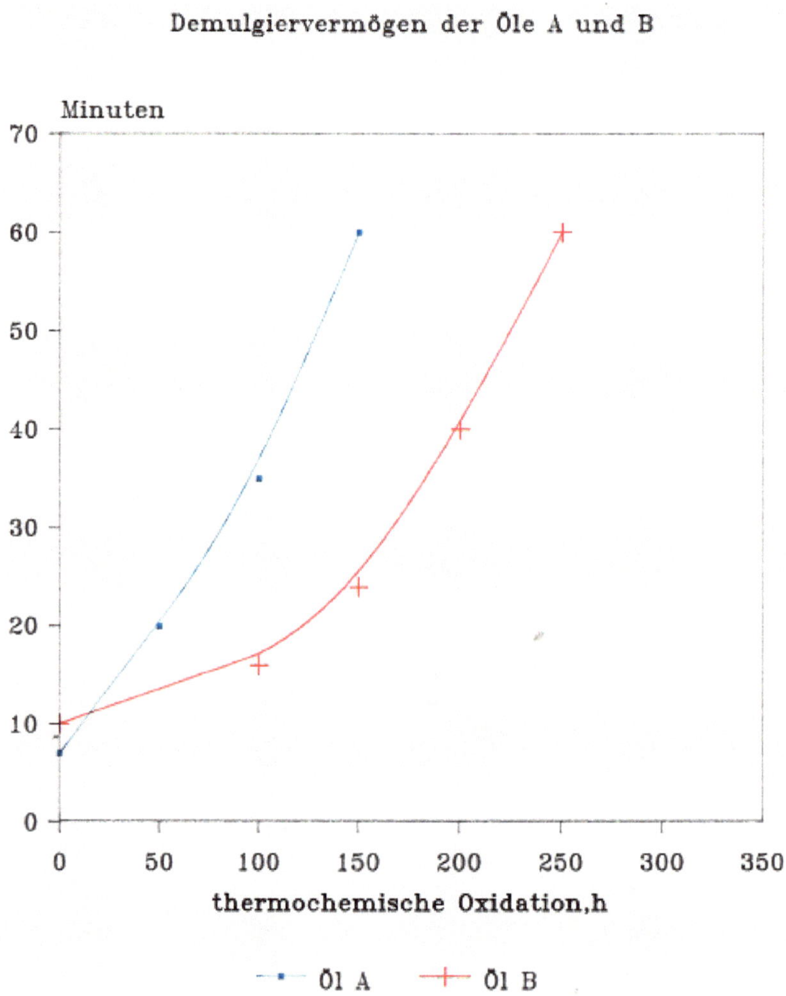

Abb. 61: Demulgiervermögen für Öl A und Öl B

Bei genauer Betrachtung der Abbildung 61 lässt sich feststellen, dass während der thermochemischen Oxidation Öl A im Vergleich zu Öl B wesentlich schneller den für Öle im Betrieb festgelegten Richtwert des Demulgiervermögens von 60 Minuten erreicht.

Abschließend kann behauptet werden, dass die physikalischen Eigenschaften und auch die Bewertungskriterien der Turbinenöle, während der photo-chemischen als auch thermochemischen Oxidation, vergleichbare Verläufe zeigen.

Wichtig ist dabei, dass in der Endphase der Ölalterung die Ergebnisse korrelieren und somit zur Festlegung der Grenzwerte der Bewertungskriterien für Turbinenöle im Betrieb herangezogen werden können.

Die einzelnen Werte für physikalische Eigenschaften und auch die der unterschiedlichen Bewertungskriterien sind sehr hilfreich, besonders bei Entscheidungen zu den Einsatzzeiten der Öle im Betrieb, aber nur als Summe zu betrachten, da kein Einzelwert so bedeutend ist, um eine derart wichtige Ent-scheidung zu rechtfertigen.

Um genauere Angaben zu den ermittelten Ergebnissen machen zu können, wurden die bisher untersuchten Ölproben für strukturgruppenspezifische Analysen verwendet.

8.4 Spezielle Strukturgruppenbestimmungen für oxidierte Öle

8.4.1 Strukturen photo-chemisch oxidierter Öle

Nachdem die Abläufe der Ölalterung durch photo- und thermochemische Oxidation über die Veränderungen der physikalischen Eigenschaften und Bewertungskriterien dargestellt wurden, galt das Interesse den Strukturgruppenbestimmungen nach Berthold [15]. Die zahlreichen Laborversuche haben zu interessanten Ergebnissen geführt, die in den folgenden Ausführungen eingehender beschrieben werden.

Öl A

Den beschriebenen Oxidationsphasen entsprechend wurden nach Probenahme, neben den physikalischen Kenndaten und Bewertungskriterien, auch die IR-Spektren aufgezeichnet und daraus die Strukturen ermittelt.

Die unter Anwendung der Bestimmungsgleichungen nach Berthold errechneten Werte sind in Tabelle 34 zusammengefasst.

Ölprobe	$x_{CH_3}^{1380}$	$x_{CH_2/N}^{970}$	$x_{C_A}^{1610}$	$x_{CH_2/NP}$	x_{CH_2/NH^+}	$x_{CH_2/P}$	$x_{CH + C_q}$
Frischöl A	0,2577	0,2513	0,0753	0,0543	0,1970	0,3791	0,0363
Oxidationsphase							
a	0,2467	0,2504	0,0620	0,0615	0,1889	0,3832	0,0575
b	0,2449	0,2422	0,0538	0,0779	0,1643	0,4038	0,0550
c	0,2295	0,2480	0,0519	0,0914	0,1566	0,4118	0,0586

Tabelle 34: Strukturgruppenbestimmung für Öl A nach photochemischer Oxidation

Öl B

Auch bei Öl B wurden, den Oxidationsphasen entsprechend, Ölproben entnommen physikalische Kenndaten, Bewertungskriterien und IR-Spektren bestimmt und ausgewertet. Die Ergebnisse der ausgewerteten IR-Spektren sind in Tabelle 35 zusammengefasst.

Ölprobe	$X^{1380}_{CH_3}$	$X^{970}_{CH_2/N}$	$X^{1610}_{C_A}$	$X_{CH_2/NP}$	X_{CH_2/NH^+}	$X_{CH_2/P}$	X_{CH+C_q}
Frischöl B	0,2530	0,2640	0,0794	0,0401	0,2238	0,3197	0,0836
Oxidationsphase							
a	0,2502	0,2609	0,0794	0,0610	0,1999	0,3435	0,0657
b	0,2451	0,2613	0,0725	0,0633	0,1979	0,3559	0,0650
c	0,2365	0,2618	0,0697	0,0705	0,1912	0,3588	0,0729
d	0,2286	0,2623	0,0634	0,0971	0,1651	0,3784	0,0670

Tabelle 35: Strukturgruppenbestimmung für Öl B nach photochemischer Oxidation

Sowohl Tabelle 34 als auch Tabelle 35 zeigen eindeutige Strukturveränderungen der jeweiligen Frischöle über die einzelnen Oxidations-phasen, die ihrerseits zu den unterschiedlichen Werten der Ergebnisse für physikalische Eigenschaften und Bewertungskriterien führen.

8.4.2 Strukturen thermo-chemisch oxidierter Öle

Öl A

Wie bei der photochemischen Oxidation, wurden die Strukturgruppen, über die in den unterschiedlichen Oxidationsphasen aufgezeichneten IR-Spektren errechnet. Die einzelnen Ergebnisse sind in Tabelle 36 (Abb. 71 und 72) zusammengefasst.

Ölprobe	$X^{1380}_{CH_3}$	$X^{970}_{CH_2/N}$	$X^{1610}_{C_A}$	$X_{CH_2/NP}$	X_{CH_2/NH^+}	$X_{CH_2/P}$	X_{CH+C_q}
Frischöl A	0,2577	0,2513	0,0753	0,0543	0,1970	0,3791	0,0363
Oxidationsphase							
a	0,2461	0,2506	0,0611	0,0661	0,1845	0,3843	0,0577
b	0,2445	0,2486	0,0524	0,0802	0,1684	0,4038	0,0504
c	0,2275	0,2493	0,0503	0,0942	0,1551	0,4178	0,0548

Tabelle 36: Strukturgruppenbestimmung für Öl A nach thermo-chemischer Oxidation

Öl B

Ebenso wurde auch bei Öl B vorgegangen, d. h. die für die entsprechenden Oxidationsphasen aufgezeichneten IR-Spektren dienten zur Errechnung der Strukturgruppen. Die Ergebnisse zeigt Tabelle 37 (Abb. 70 und 71).

Ölprobe	$x^{1380}_{CH_3}$	$x^{970}_{CH_2/N}$	$x^{1610}_{C_A}$	$x_{CH_2/NP}$	x_{CH_2/NH^+}	$x_{CH_2/P}$	$x_{CH + C_q}$
Frischöl B	0,2530	0,2640	0,0794	0,0401	0,2238	0,3197	0,0836
Oxidationsphase							
a	0,2501	0,2641	0,0789	0,0614	0,2027	0,3561	0,0506
b	0,2445	0,2613	0,0720	0,0658	0,1955	0,3585	0,0633
c	0,2375	0,2620	0,0702	0,0702	0,1918	0,3624	0,0676
d	0,2256	0,2598	0,0623	0,1083	0,1515	0,3764	0,0756

Tabelle 37: Strukturgruppenbestimmung für Öl B nach thermo-chemischer Oxidation

Vergleicht man nun die Tabelle 34 und 35 bzw. 36 und 37, so stellt man fest, dass die Veränderungen der wichtigsten Strukturgruppen einen ähnlichen Trend sowohl bei der thermo-chemischen als auch bei der photo-chemischen Oxidation aufweisen. Die Aufzeichnungen der Abbildungen 66 bis 69 unterstreichen diese Feststellung.

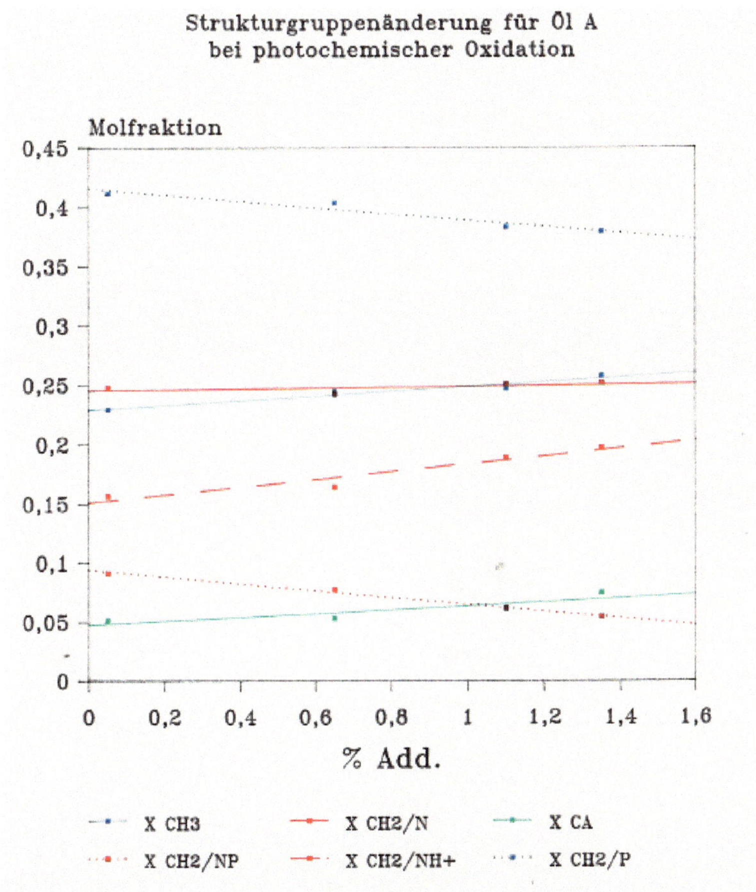

Abb. 62: Strukturgruppenanalyse für Öl A bei photochemischer Oxidation

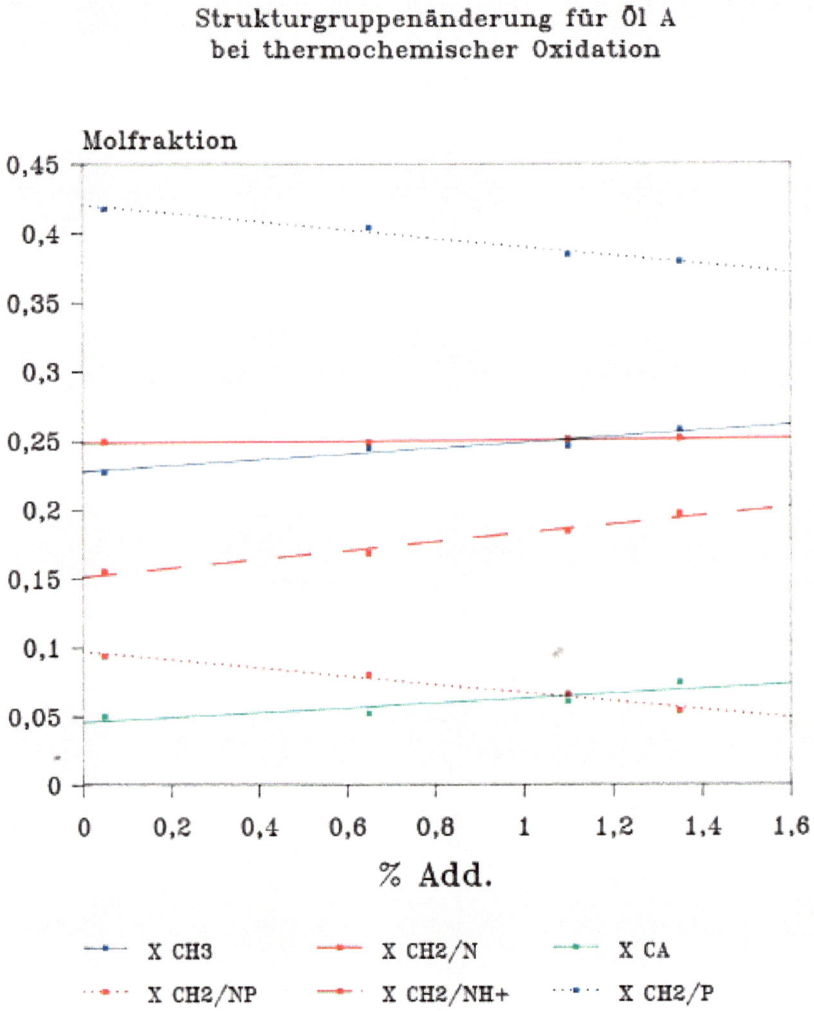

Abb. 63: Strukturgruppenanalyse für Öl A bei thermochemischer Oxidation

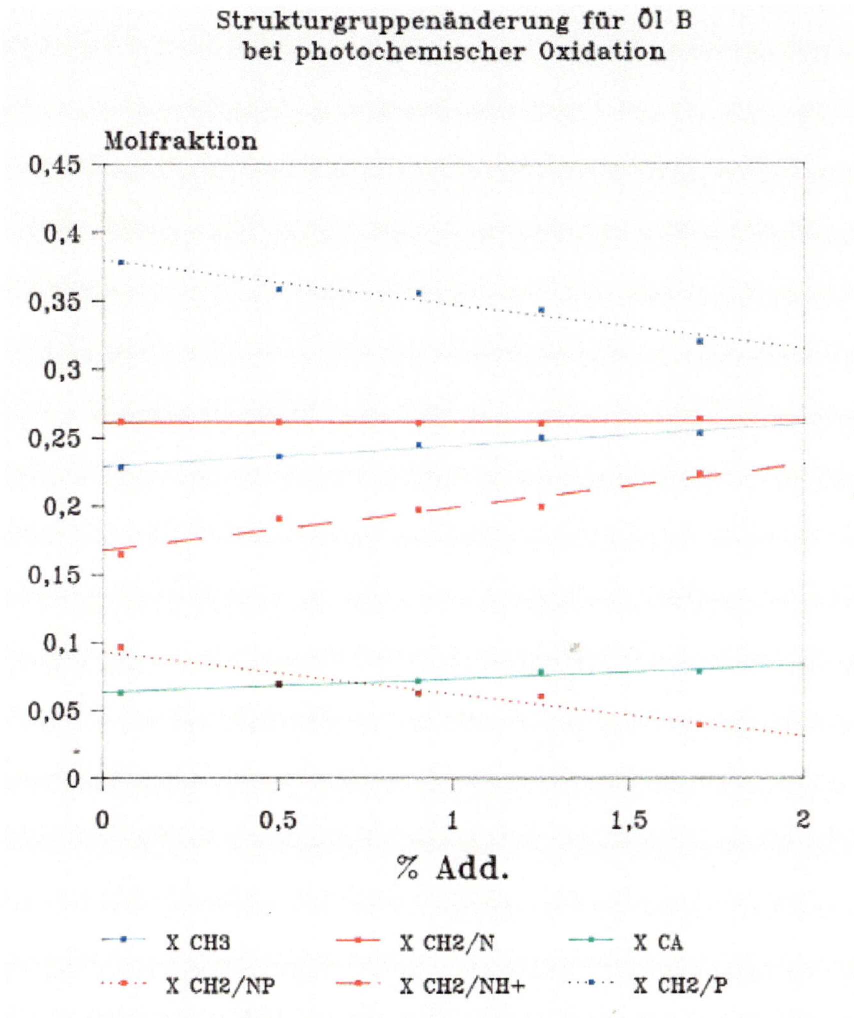

Abb. 64: Strukturgruppenanalyse für Öl B, photochemische Oxidation

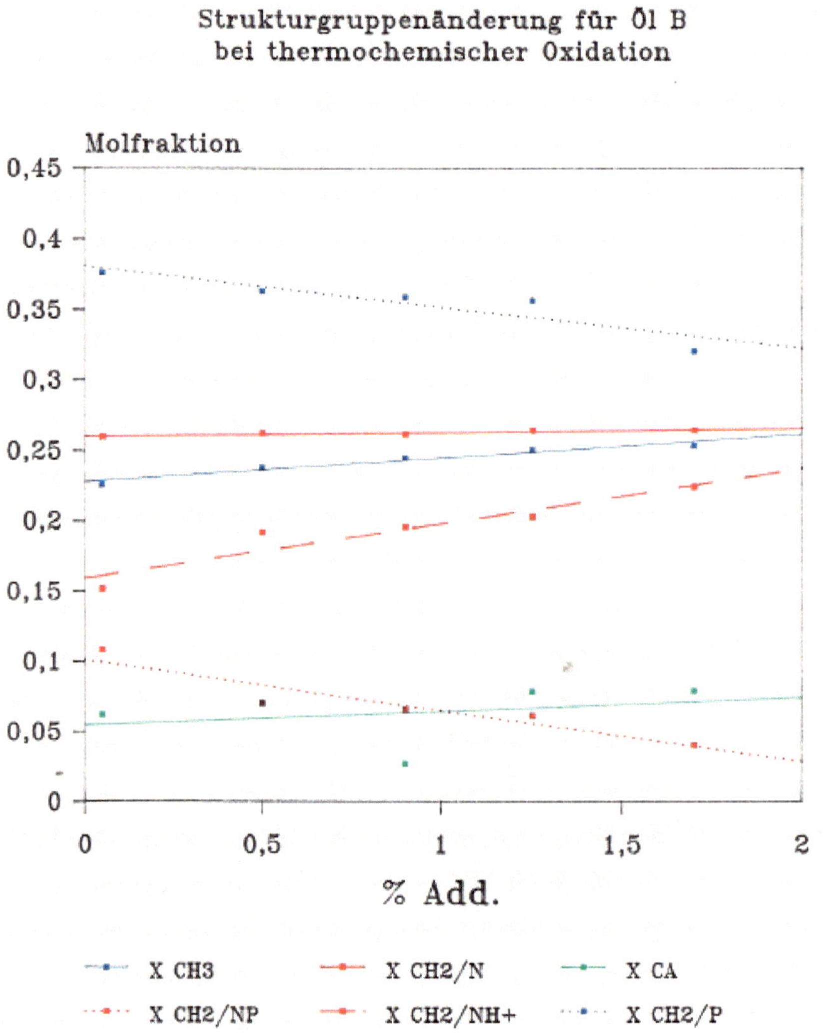

Abb. 65: Strukturgruppenanalyse für Öl B, thermochemische Oxidation

Bei näherer Betrachtung der Abbildungen 62 und 63 bzw. Abbildungen 64 und 65 stellt man fest, dass bei zunehmendem Oxidationsgrad die Strukturen bei Öl A als auch Bei Öl B einem vergleichbaren Wandel unterzogen worden sind.

Man kann während des Oxidationsprozesses eine Verringerung des Anteils an aromatischen Kohlenwasserstoffen und auch der Methylgruppen feststellen. Die Methylengruppen der paraffinischen Kohlenwasserstoffe steigen an und die Molfraktion der naphthenischen Kohlenwasserstoffe (gesamt) hat sich während des Alterungsprozesses kaum verändert. Diese „scheinbare" Stabilität der Molanteile der naphthenischen Kohlenwasserstoffe, könnte ein Kompensationseffekt zwischen der abfallenden Tendenz der naphthenischen Methylengruppen in sechs- und mehrgliedrigen sowie in multicyklischen Ringsystemen einerseits und der ansteigenden Tendenz der Molanteile an naphthenischen Methylengruppen in fünfgliedrigen Ringen andererseits, sein. Die genauere Klärung dieser Annahme kann nur über weitere systematische Versuche zur Vertiefung der Reaktionsmechanismen, während des Alterungsprozesses der Turbinenöle, erfolgen.

Die erweiterte IR-Strukturgruppenanalyse ist sowohl bei neuen als auch oxidierten Turbinenölen gut anwendbar und ermöglicht wichtige Aussagen zu den Strukturen der im Mineralöl enthaltenen Kohlenwasserstoffe.

Die neuen Strukturdetails können, bei richtiger Korrelation der Ergebnisse der wichtigsten Bewertungskriterien, sowohl für die technologischen Verarbeitungs-prozesse des Turbinenöle als auch für den Reaktionsablauf der Oxidations-reaktionen im Labor und Praxis, zu wertvollen Ergebnissen führen. Die Werte der im Oxidationsprozess veränderten physikalischen Eigenschaften und Bewertungskriterien, sinnvoll korreliert, führen zu wichtigen Daten, die, zur Festlegung der Grenzwerte der Turbinenöle im Betrieb herangezogen werden.

8.5 Bewertungskriterien: Grenzwerte für Turbinenöle im Betrieb

Unter Zusammenfassung der während der Ölalterung erkannten oxidationsbedingten Veränderungen der Kohlenwasserstoffe legierter Turbinenöle bzw. deren Auswirkungen auf die Werte der einzelnen Parameter und Bewertungskriterien der Öle war es möglich, wertvolle Grenzwerte für die Turbinenöle im Betrieb festzulegen. Die hierfür erhaltenen Werte, die sowohl über Ölalterungen im Labor als auch durch langjährige Verfolgung der betriebsbedingten Veränderungen der im Einsatz befindlichen Turbinenöle festgelegt wurden, sind im Betriebshandbuch PE 214/83 [69] für legierte und unlegierte Turbinenöle zusammengefasst. Einzelne Vorgehensweisen, abhängig von der Ölalterung bzw. der alterungsbedingten Veränderung einzelner Parameter oder der eingeführten Bewertungskriterien, stehen den Betreibern als hilfreiches Regelwerk zur Verfügung. Als neues Kriterium wurde die Induktionsperiode der Öle nach Rotary Bomb eingeführt und deren Korrelation mit der Additivkonzentration, durch IR bestimmt, sobald die Induktionsperiode den Grenzbereich von 35 Minuten für legierte Öle im Betrieb erreicht hat. Ebenso enthält das Betriebshandbuch strikt einzuhaltende Regelungen zur Qualitätskontrolle der im Kraftwerk eingetroffenen Neuöle, zum Transport und Deponie, zu verschiedenen Regenerierungsmaßnahmen der Öle im Betrieb sowie zum Kompatibilitätstest bei Nachfüllungen mit Neuöl während des Betriebes. [63, 68]

Durch strikte Einhaltung der im Betriebshandbuch PE 214/83 festgelegten Grenzwerte einzelner Parameter und Bewertungskriterien der Turbinenöle, konnten zwischen 80.000 und 100.000 Betriebsstunden mit einer Ölfüllung erreicht werden, wobei die Nachfüllmengen mit Frischöl zwischen 2 % und 8 % und die konstruktionsbedingten Ölumlaufzahlen der Turbinen im Betrieb zwischen 6 und 8 h^{-1} schwankten.

Heute werden, bis auf wenige Ausnahmen, ausschließlich additivierte Öle für den Betrieb von Dampfturbinen eingesetzt.

Wie schon eingangs erwähnt, müssen die hochwertigen Turbinenöle besonderen Anforderungen sowohl im Schmierungskreislauf als auch in den Regel- und Sicherheitssystemen der Dampfturbinen gerecht werden, d. h., sie müssen folgende Leistungen erbringen:

- hydrodynamische Schmierung in Lagern und Getrieben
- Wärmeabfuhr aus dem Umlaufsystem
- betriebssichere Kraftübertragung in Regel- und Sicherheitssystemen
- Verschleißverminderung in Turbinengetrieben

Zusätzlich werden noch chemisch-physikalische Anforderungen an die Turbinenöle gestellt wie:

- hervorragende Alterungsbeständigkeit, um die erwarteten 100.000 Betriebsstunden zu erreichen
- Hydrolysebeständigkeit besonders der Wirkstoffe
- Korrosionsschutz auch bei Anwesenheit von Kondensat oder Kühlwasser
- zuverlässiges Demulgiervermögen
- geringe Ölschäumung und gutes Luftabscheidevermögen

Turbinenöle erreichen an den Lagerstellen Temperaturen über 100°C und Ölablauftemperaturen von 75°C und sind daher einer permanenten thermischen Belastung ausgesetzt. Über einen im Kreislauf befindlichen Ölkühler werden die Öle im Betrieb auf etwa 40°C gekühlt.

Um die erwünschten Einsatzzeiten einer Ölfüllung von 100.000 Betriebsstunden zu erreichen ist es wichtig, über die Verweilzeiten im Ölbehälter das Abscheiden von festen Fremdstoffen oder eingetragenem Wasser bzw. Luft zu ermöglichen.

Während des Betriebes der Turbinen werden ins Öl Verunreinigungen in Form von Staub oder metallische Abriebpartikel sowie Korrosionsprodukte eingetragen.

Diese Anforderungen werden zum Teil durch konstruktive Maßnahmen erreicht.

Wassereintrag und metallischer Abrieb verringern die Oxidationsstabilität, während Luft zu Öl-Luft-Gemischen führen kann, welche zu Schaumbildung und dadurch, über die Änderung der Kompressibilität der Öle, zu Störungen in den Regel- und Steuereinrichtungen führen kann. Voraussetzung zur Erreichung von maximalen Betriebsstunden und möglichst störungsfreiem Betrieb, ist neben der Sicherstellung von konstruktiven Maßnahmen zur Pflege der Ölfüllung während des Betriebes (Einbau von Sieben und Filtern) eine entsprechende Qualität der Frischöle und eine strikte Einhaltung aller Maßnahmen zur Überwachung der Öle, einschließlich der Grenzwerte der Parameter und Bewertungskriterien die für Turbinenöle in Deutschland im VDEW-Ölbuch Band 1 [124, S. 124–126] festgelegt wurden.

Welchen Einfluss Verunreinigungen in Form von metallischem Abrieb, organischen Schlammabsonderungen, Wasser oder Lufteintragungen auf die Qualitätsveränderungen der Öle haben, wurde im experimentellen Teil dieser Arbeit ausführlich beschrieben.

Zu sehr wichtigen Bewertungskriterien der Öle zählen das Luftabscheide-vermögen und das Oberflächenschaumverhalten, die sich über Eintrag von Luft derart verändern, dass sie die Betriebssicherheit sowohl im Schmierungskreislauf als auch im Reglerkreislauf erheblich stören, im Extremfall kann es zum Ausschalten der Turbinen führen.

Besonders wichtig ist es die Filteranlagen des Ölkreislaufes, regelmäßig auf Verunreinigungen zu kontrollieren, da diese, besonders die metallischen Feststoffe, einen sehr negativen Einfluss auf Schäumungseigenschaften und Luftabscheidevermögen, haben.

Auch hier lässt sich durch konstruktive Maßnahmen das Eindringen von Luft verringern. Ebenso kann eine Erhöhung der Öltemperatur im Ölbehälter zur Luftabscheidung aus dem Öl und zur Schaumverringerung führen, eine Maßnahme die jedoch, durch die temperaturbedingte Ölalterung, zu geringeren Standzeiten der Ölfüllungen beiträgt.

Eine ebenso wichtige Rolle spielt der Wassergehalt im Ölkreislauf. Deswegen ist es notwendig, Schlamm und Wasser am entsprechenden Probestutzen des Ölbehälters, regelmäßig zu kontrollieren und ggf. abzulassen.

Bei festgestelltem Wassergehalt kann das Wasser auch während des Betriebes der Turbine, über einem Nebenstrom, über Zentrifugen entfernt werden. Wasser muss aus dem Ölkreislauf entfernt werden, da es neben Oxidationsbeschleunigung zu Ölalterung führt und durch wasserlösliche Oxidationsprodukte Korrosion in den Kreisläufen verursachen kann.

Bei anomalen Wassereinbrüchen in den Turbinenöl-Kreislauf ist erforderlich eine entsprechende Wasseranalyse vorzunehmen, um über die Herkunft des Wassers eine Aussage zu treffen und ggf. die Ursache zu beseitigen.

Wichtig ist es die festgelegten Untersuchungsintervalle sowie die Grenzwerte einzelner Parameter beim Betreiben einer Turbine zu berücksichtigen. Tabelle 41 stellt die Prüfungen der Turbinenöle im Betrieb dar. Die Häufigkeit der Prüfungen richtet sich nach den Betriebsverhältnissen.

Bei Erreichen der Grenzwerte ist der Handlungsbedarf in Absprache mit dem Ölhersteller festzulegen.

Wichtig ist, die Gefahrenbereiche einzuhalten, die bestimmten Werte einzelner Kriterien richtig einzuordnen und zu interpretieren sowie die geeigneten bzw. sicheren Maßnahmen zu treffen.

Die Veränderungen einzelner physikalisch-chemischen Eigenschaften der Turbinenöle im Betrieb sind unterschiedlich und demnach auch entsprechend zu bewerten. Ebenso werden auch die Bewertungskriterien bzw. deren Veränderungen über den Alterungsprozess der Öle einzeln ausgelegt, jedoch zu wichtigen Entscheidungen bezüglich Betriebssicherheit nur in Korrelation herangezogen; es gibt das K. o.-Kriterium nicht.

Deswegen ist es sehr wichtig, Testmethoden von langer Dauer mit rapiden Methoden zu ergänzen und wenn möglich zu ersetzen, da im Betrieb oft kurzfristig entschieden werden muss, Situationen in welchen z. B. Oxidationsmethoden von langer Dauer nicht hilfreich sind

Über zahlreiche Studien und langjährige Betriebserfahrungen wurden die Prüfumfänge und entsprechende Grenzwerte für Turbinenöle im Betrieb festgelegt und dienen, unter strenger Einhaltung, einer sicheren und wirtschaftlichen Stromerzeugung. [124]

Tabelle 38 enthält die einzelnen Prüfungen, deren Grenzwerte und Maßnahmen, die auch während des Betriebs ergriffen werden können.

Kriterien	Gefahrenbereich	Beurteilung/ Interpretation/ mögliche Ursache	mögliche Maßnahmen
Aussehen	trüb	durch Wasser, Fremdstoffe oder Luft	Bestimmung des Wassergehaltes und des Wasserabscheidevermögens, Bestimmung des Fremdstoffgehaltes und dessen Analyse, Luftabscheidevermögen, Schaum
Farbe (nach VDEW-Farbtafel)	> 5 oder Anstieg > 2 pro Betriebsjahr	Vermischung mit Fremdstoffen, starke Ölalterung	IR-Spektrum, NZ, Temperaturkontrolle
Geruch	verbrannt Schwefelwasserstoff Lösemittel	Heißstellen im Kreislauf, Kavitation Bakterienbefall Vermischung von Reinigungsmitteln	Kontrolle des Kreislaufs, Ölanalyse Nachweis von Bakterien Analyse der Verunreinigung, IR-Spektrum
Dichte	± 10%	Vermischung mit Wasser, Lösemittel, Fremdölen	Separieren, Ausdampfen, Schmierstellenkennzeichnung
Viskosität	± 10%	Vermischung mit Wasser, Lösemittel, falsche Ölviskosität, Alterung, Fremdöl	Separieren, Bestimmung des Flammpunktes, IR-Spektrum, betriebliche Kontrolle, Bestimmung der Neutralisationszahl, RBOT
Neutralisationszahl (NZ)	Δ NZ > 0,5 mg KOH/g Öl Anstieg > 0,15 mg KOH/g Öl pro Jahr	starke Temperaturbeanspruchung hydrolytische Additivzersetzung, Oxidationsinhibitor aufgebraucht	Ölwechsel, wenn RBOT < 80 min und phenolischer Oxidationsinhibitor < 0,1 %
Aschegehalt	im Vergleich zum Neuöl höher	Abrieb, Staub	Analyse der Asche, Prüfen des Filterzustandes
phenolischer Oxidationsinhibitor	< 0,1 %	nach kurzer Betriebszeit: zu hohe Temperaturbeanspruchung, bei langer Betriebszeit: normaler Verbrauch	Temperaturbelastung senken, Nachinhibieren nach Absprache mit Ölhersteller

Kriterien	Gefahrenbereich	Beurteilung/ Interpretation/ mögliche Ursache	mögliche Maßnahmen
Oxidationsstabilität (RBOT)	25 % vom Ausgangswert	bei NZ > 0,5 mg KOH/g Öl: Öl am Ende der Gebrauchseignung	Ölwechsel
		bei NZ < 0,5 mg KOH/g Öl: weitere Überwachung	Ölwechsel mittelfristig planen
Metallgehalt Zn	< 20 mg/kg	Zersetzung von Zinkdithiophosphat und Bildung von Ablagerungen	Ursachen ermitteln, Ölwechsel
Cu	> 20 mg/kg	zusätzlich Reaktion mit Ölkühlerwerkstoff	
Sb, Pb, Sn	> 20 mg/kg je Element	Verschleiß von Lagern	Lagerkontrolle, Trend verfolgen, Separieren
Fe	> 10 mg/kg	Verschleiß, Korrosion	
Si, Ca, Al	> 20 mg/kg je Element	Verunreinigung von außen	
Flammpunkt	Abfall um mehr als 10 °C	Verunreinigung durch Lösemittel	Viskosität kontrollieren, Ölwechsel
Partikelverteilung feste Fremdstoffe	> 0,03 Masse-%	Abrieb, Alterungsprodukte	Separieren, bei NZ > 0,5 mg KOH/g Öl u. phenol. Inhibitor < 0,1 Masse-% und RBOT < 100 min: Ölwechsel
Wasser	> 0,1 Masse-%	Kondensat, Kühlwasser	Wasserphase analysieren, Separieren, WAV kontrollieren
Wasserabscheide-Oxidationsinhibitor	> 600 s	Ölalterung, Verunreinigung	bei geringem Wassergehalt: keine Maßnahmen wenn > 1000 s und nach Filterung keine Verbesserung: Ölwechsel
Luftabscheidevermögen (LAV)	Anstieg gegenüber Neuöl > 6 min	Eintrag von festen Fremdstoffen, Kühlwasser, Silicone	evtl. Schaum absaugen, Separieren, bei Werten > 10 min: Ölwechsel planen
Schaumverhalten	> 600/0 ml	Verunreinigung mit oberflächenaktiven Substanzen, Feststoffpartikel	Oberflächenschaum entfernen, Öltemperatur erhöhen, Unterdruck des Öldunstabsauggebläses erhöhen

Kriterien	Gefahrenbereich	Beurteilung/ Interpretation/ mögliche Ursache	mögliche Maßnahmen
Korrosionsschutz-eigenschaften gegen Stahl (Verfahren A)	> 1	Wasser im Öl Korrosionsschutzadditiv verbraucht	Wassergehalt kontrollieren evtl. nachinhibieren oder Ölwechsel
Korrosionswirkung auf Kupfer	> 1	Eintragung von schwefelhaltigen Substanzen	Schwefelgehalt prüfen

Tabelle 38: Prüfumfänge für Turbinenöle im Betrieb

Als Orientierungshilfe für Ölreinigung oder gar Ölwechsel dienen die Daten aus Tabelle 38, die im VDEW-Ölbuch angeführt sind.

Turbinenöle werden im Betrieb, regelmäßig visuell untersucht und die Ergebnisse sind, über dafür erstellte Protokolle, zu dokumentieren. Die Häufigkeit der Untersuchungen ist festzulegen und bei Auffälligkeiten zu intensivieren.

Ebenso wird die Erstbefüllung einer kompletten Analyse unterzogen und die Ergebnisse werden dokumentiert und zur Bewertung späterer Versuchs-ergebnisse, zum Vergleich herangezogen.

Nachfüllungen sollten immer mit der gleichen Ölsorte gemacht werden, wobei auch in dieser Situation ein Kompatibilitätsversuch zwischen Betriebsöl und Nachfüllöl auszuführen ist.

9 Umweltrelevanz

9.1 Allgemeine Aspekte

Klimawandel, Umweltschutz, Treibhausgase und Treibhauseffekt sind nur einige der wichtigsten Schlagzeilen unseres Alltags.

Treibhausgase, sind Gase, die sich in der Erdatmosphäre befinden und die Hauptursache für den erkennbaren Klimawandel darstellen.

Die Erdatmosphäre besteht zu 78 % aus Stickstoff, 21 % Sauerstoff und 1 % Spurengasen, ist praktisch für die Temperatur auf der Erde verantwortlich.

Gäbe es keine Atmosphäre, hätten wir eine Durchschnittstemperatur von −18°C auf der Erde und diese wäre somit unbewohnbar.

Die Erderwärmung durch Treibhausgase ist ein natürlicher Vorgang, bei welchem Wasserdampf, als natürliches Treibhausgas, das Leben auf Erden mit Durchschnittstemperaturen von 15°C erst möglich macht.

Die Erdtemperatur ist ein Zwischenspiel von Sonneneinstrahlung, Erdatmosphäre und nicht zuletzt der Neigung der Erdachse und der Erdumlaufbahn.

Die Neigung der Erdachse und die Umlaufbahn der Erde um die Sonne haben über Jahrtausende, zu natürlichen Klimaveränderungen geführt; es gab Eiszeiten und Erwärmungen, ganz ohne Beteiligung der Menschen.

Im Zeitalter der Industrie sind Treibhausgase und verschiedene Emissionen, die wichtigste Ursache des nachgewiesenen Klimawandels.

Abbildung 66 zeigt das Zusammenspiel zwischen Sonnenstrahlung, Wärme-Rückstrahlung von der Erdoberfläche und Strahlung der Treibhausgase in der Atmosphäre.

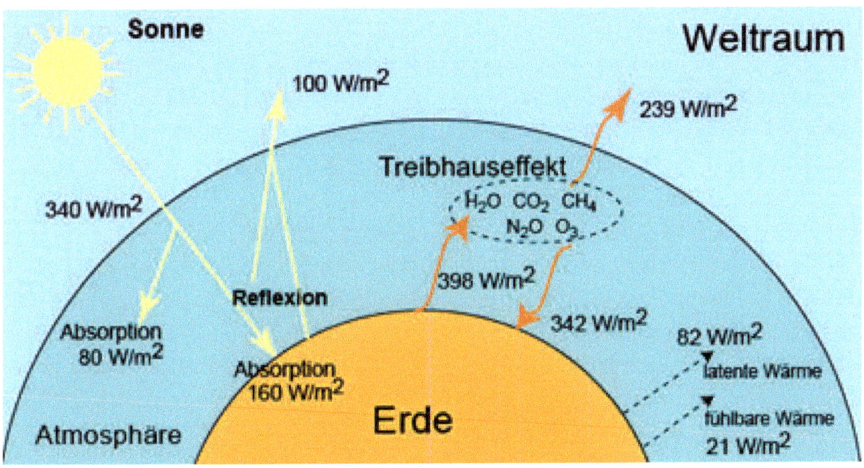

Abb. 66: Sonneneinstrahlung auf die Erde (www.wiki.bildungsserver.de, 16.05.2023)

Die hellen Pfeile zeigen die Sonneneinstrahlung, die von der Erdoberfläche zurückgestrahlt wird, in der Atmosphäre auf Treibgase trifft, die wiederum teilweise zur Erde zurückstrahlen und somit einen Temperaturanstieg verursachen.

Treibhausgase in der Erdatmosphäre verändern den Strahlungshaushalt der Erde, d. h., die Wärmeabstrahlung wird behindert, was wiederum, bei entsprechender Erhöhung der Treibhausgas-Konzentration durch menschliche Aktivitäten (anthropogen), zu einer Erwärmung und somit zum menschlich verursachten Klimawandel führt.

Befinden sich nun anthropogene Treibhausgase in der Atmosphäre, so wird die normale Reflexion von der Erde in die Atmosphäre verhindert und ein größerer Teil kehrt zur Erde zurück und führt zu deren Erwärmung.

Das Kyoto-Protokoll nennt die wichtigsten Treibhausgase:

Kohlendioxid: ein Gas, welches bei der Verbrennung fossiler Energieträger wie Kohle, Erdöl und Erdgas entsteht. Die wichtigsten Quellen sind Industrieanlagen, Stromerzeugung, Wärmeerzeugung, aber auch Haushalte und Verkehr. Die Verweilzeit von Kohlendioxid in der Atmosphäre beträgt ungefähr 120 Jahre.

Methan: ein geruch-/farbloses und hochentzündliches Gas und 25-mal wirksamer als Kohlendioxid. Die Verweilzeit in der Atmosphäre beträgt ungefähr 12,4 Jahre.

Neben Landwirtschaft und Massentierhaltung stellen Klärwerke und Mülldeponien die wichtigsten Methan-Quellen dar.

Lachgas, auch Distickstoffoxid genannt, ist ein farbloses süßlich riechendes Gas mit einer Verweilzeit in der Atmosphäre von durchschnittlich 114 Jahren. Es entsteht immer dann, wenn Mikroorganismen stickstoffhaltige Verbindungen im Boden abbauen, oder bei chemischen Prozessen wie Düngemittelherstellung oder in der Kunststoffindustrie.

Obwohl das Gas in der Atmosphäre nur in Spuren vorkommt, ist es 298-mal so wirksam wie Kohlendioxid und hat somit einen überproportionalen Anteil am Treibhauseffekt.

F-Gase

FCKW (Fluorchlorkohlenwasserstoffe) wurden als Treibgase und Kältemittel, wegen ihrer Zerstörung der Ozonschicht, seit 1990 stark reduziert und zum guten Teil durch FKW (Fluorkohlenwasserstoffe) ersetzt, die zwar die Ozonschicht nicht schädigen, jedoch den Treibhausgaseffekt extrem beeinflussen. Die Verweilzeit in der Atmosphäre ist enorm lang. Die beiden wichtigsten sind CFC-11 ($CFCl_3$) und CFC-12 (CF_2Cl_2) haben Verweilzeiten in der Atmosphäre von 45 bzw. 100 Jahren.

Im Kyoto-Protokoll sind PFC (Perfluorierte Kohlenwasserstoffe) aus der Aluminiumindustrie und das aus Hochspannungsschaltern stammende Schwefelhexafluorid (SF6) ebenfalls als Einflusskomponenten auf den Treibhausgaseffekt berücksichtigt.

Diese anthropogenen Treibhausgase haben laut Umweltbundesamt im Jahre 2020 folgende Verteilung (wobei die Zahlen auch Schwankungen aufweisen können und somit eher als Orientierungsgrößen zu betrachten sind):

- 87,1 % Kohlendioxid
- 6,5 % Methan
- 4,6 % Lachgas
- 1,7 % F-Gase

Seit 2015 wird auch Stickstofftrifluorid als Treibhausgas berücksichtigt, obwohl derartige Emissionen sehr gering sind. [www.umweltbundesamt.de, 16.05.2023]

Neben den Treibhausgasen können jedoch auch andere Luftverunreinigungen die Energiebilanz der Erde beeinflussen, obwohl sie die von der Erde abgestrahlte Wärme nicht absorbieren. Dazu zählen Ruß, Stickoxide und Kohlenwasserstoffe.

Rußpartikel führen zu einer Erwärmung, da sie Sonnenstrahlung absorbieren, tragen zum Abschmelzen von Gletschern bei und führen zu Inversionswetterlagen. Ruß entsteht bei der Verbrennung von Biomasse, Brandrodung von Wäldern. Ebenso zählen Kohleöfen und Dieselfahrzeuge ohne Rußfilter zu Rußquellen. Rußpartikel haben einen Anteil von etwa 10 % am gesamten Strahlungsantrieb durch Treibhausgase und andere Emissionen. Abbildung 67 zeigt den Beitrag einzelner Klimagase zum Klimawandel.

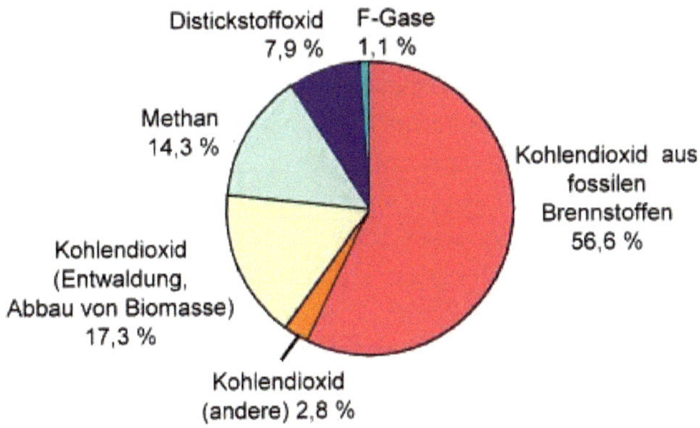

Abb. 67: Diagramm zur Umweltbelastung (www.oekosystem-erde.de/html/treibhausgase.html, 16.05.2023)

Der Anteil an Kohlendioxid aus fossilen Brennstoffen ist besonders hoch, doch wegen der langen Verweilzeiten und des Vielfacheffektes sind die weiter angeführten „Kyoto-Treibhausgase“ genau so wichtig und daher unbedingt zu berücksichtigen.

Kohlendioxid entsteht bei der Stromerzeugung über die Verbrennung fossiler Brennstoffe wie Kohle, Öl und Gas, aber auch im Verkehr und in der Industrie.

Ein nicht unerheblicher Teil ist die Menge an Kohlendioxid aus der Forstwirtschaft, die bei der Rodung, besonders der Tropenwälder, entsteht.

Ebenso haben das Lachgas aus den Böden der Landwirtschaft und Methan aus der Tierzucht einen entsprechenden Anteil an der Bildung der Treibhausgase und deren Folgen.

Die unten angeführte Abbildung 68 verschafft einen Überblick zu der Verteilung der Quellen der Treibhausgase über die einzelnen Sektoren verschiedener vom Menschen gesteuerten Tätigkeiten.

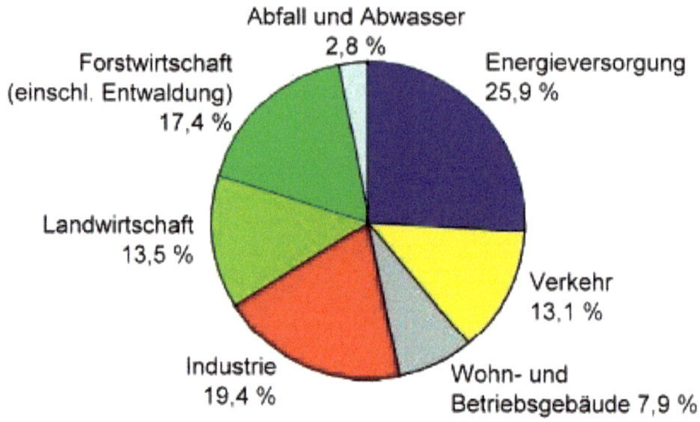

Abb. 68: Quellen der Treibhausgase (www.oekosystem-erde.de/html/treibhausgase.html, 16.05.2023)

Umwelt- und Klimaschutz sind eine globale Herausforderung unseres Jahrhunderts mit sehr hohem Stellenwert. Beim Klimaschutz nimmt Deutschland eine Vorreiterrolle ein und zeichnet sich besonders beim Ausbau erneuerbarer Energien aus.

Die Entwicklung der Treibhausgasemissionen in Deutschland nach Sektoren, ohne LULUCF d. h. Landnutzung, Landnutzungsänderung und Forstwirtschaft (Englisch Land Use, Land Use Change and Forestery), ist in Abbildung 69 aufgezeichnet.

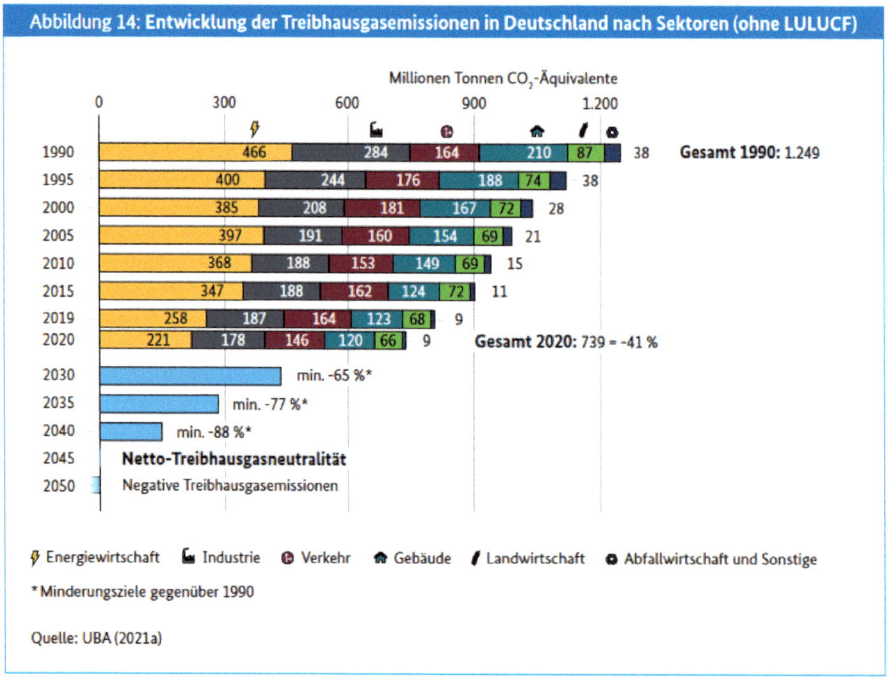

Abb. 69: Entwicklung der Treibhausgasemissionen in Deutschland 2021 (www.bmu.de, 16.05.2023)

Seit 1990 hat Deutschland seine Treibhausemissionen von 1.249 Millionen Tonnen Kohlendioxid Äquivalente zu vermindern und somit die durch das im Jahre 2005 über das Kyoto-Protokoll erwachsene Verpflichtung zu erfüllen.

Die Bundesregierung informiert über eine Reduzierung der Treibhausgas-emission im Jahre 2020 um 41 % gegenüber 1990.

Ebenso sollen die erneuerbaren Energien konsequent ausgebaut und die Energieeffizienz weiter erhöht werden, um im Jahre 2030 eine Emissions-minderung von mindestens 65 % zu erreichen.

Danach wird eine Reduktion der Treibhausgasemissionen von 77 % bis 2035 erwartet und über eine Minderung um 88 % im Jahre 2040 soll dann Deutschland im Jahre 2045 die Netto-Treibhausgasneutralität erreicht haben.

Eine Maßnahme zur Effizienzsteigerung ist die Erhöhung der Wirkungsgrade der fossilen Kraftwerke.

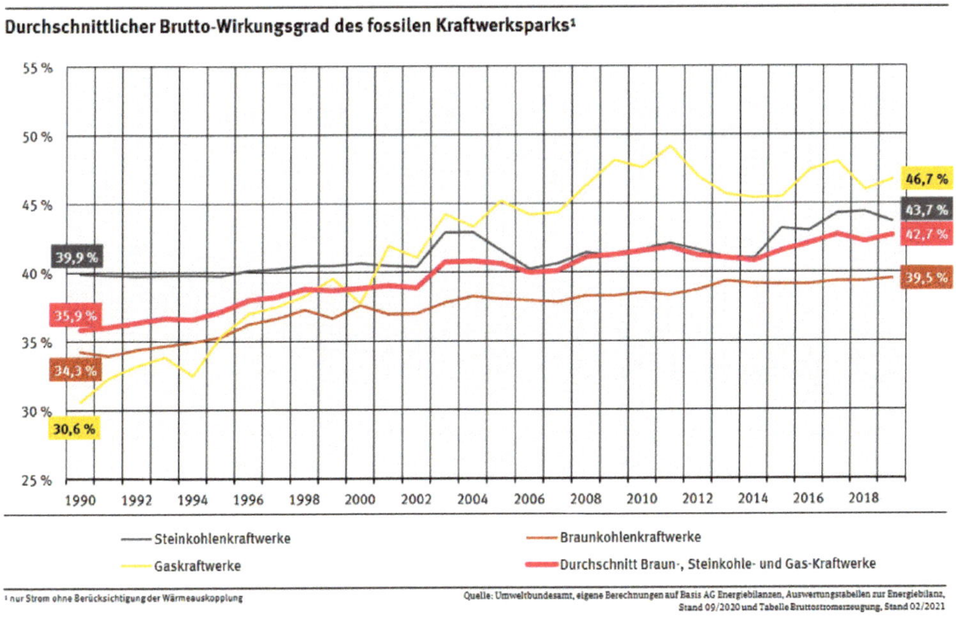

Abb. 70: Wirkungsgrade des fossilen Kraftwerkparks (www.umweltbundesamt.de, 16.05.2023)

Wie Abbildung 70 zeigt, stieg der durchschnittliche Brutto-Wirkungsgrad ab 1990 um einige Prozente, was einer permanenten Modernisierung der Kraftwerke in Deutschland zuzuschreiben ist. Besonders bei Gaskraftwerken wurde, durch den Trend zu effizienten Gas- und Dampfkraftwerken, eine bemerkenswerte Effizienzentwicklung verzeichnet.

Ebenso kann durch die Nutzung von Strom und Wärm (Kraft-Wärme-Kopplung) der Ausnutzungsgrad der Brennstoffe gesteigert werden.

Trotzdem reichen die erzielten Brennstoffeinsparungen nicht aus, um die erforderliche Reduktion der Treibhausgase zu erreichen, und somit ist für die Einhaltung der Klimaschutzziele der Ausbau erneuerbarer Energien strikt notwendig.

Die Grundlage für den sogenannten „Post-Kyoto-Prozess“ schuf der Weltklimagipfel auf Bali im Jahre 2007 mit dem Vorhaben auch Entwicklungs- und Schwellenländer aktiv in den Klimaschutz einzubinden. Das ist zwingend notwendig, wenn die Klimaerwärmung in diesem Jahrhundert noch beherrschbar bleiben soll.

Laut Prognosen des Klimarats der Vereinten Nationen müssen hierfür die weltweiten CO_2-Emissionen bis zum Jahre 2050 halbiert werden. [https://www.deutschland.de/de/topic/umwelt/energie-technologie/vorreiter, 16.05.2023]

Leider scheiterte der Plan, ein Kyoto-Nachfolgeprogramm bereits auf dem Klimagipfel 2009 in Kopenhagen zu verabschieden. Die Erderwärmung auf einem Plus von maximal zwei Grad gegenüber dem vorindustriellen Niveau zu begrenzen, wurde als ein anzustrebendes Ziel definiert, da konkrete Minderungsziele zur CO_2-Reduzierung nicht aufgestellt werden konnten. Einen Fortschritt zu diesem Bekenntnis brachte der Weltklimagipfel im Jahre 2011 in Durban, wo beschlossen wurde, dass bis 2015 ein neuer Klimaschutzvertrag ausgehandelt werden soll, der ab 2020 in Kraft tritt und auch die USA sowie die Schwellenländer zu den vorgegebenen Emissionszielen verpflichtet. Diese Ziele können aber nur erreicht werden, wenn alle Länder sich aktiv mit entsprechenden Umsetzungsmaßnahmen daran beteiligen.

Es gab weitere Treffen wie 2016 in Marrakesch, 2017 in Bonn, 2018 in Katowice, 2019 Madrid, 2020 in Glasgow, 2021 in Paris und 2022 in Sharm El Sheikh.

In Paris beim Pariser Treffen wurde erneut, mit Nachdruck auf die Notwendigkeit die Erderwärmung deutlich unter 2°C, möglichst um 1,5°C zu reduzieren hingewiesen, um dramatische Klimafolgen für Mensch und Umwelt zu vermeiden. Hitzewellen, Waldbrände, Überschwemmungen, steigender Meeresspiegel und Wüstenbildung sind zu alltäglicher Realität geworden

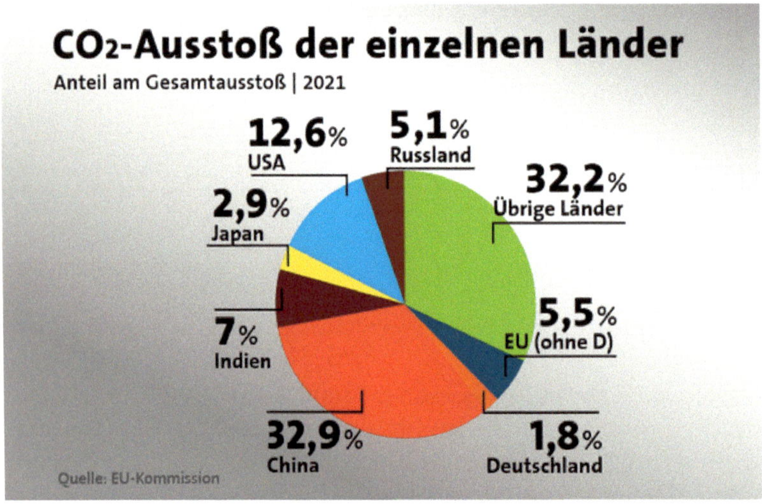

Abb. 71: Kohlendioxid-Ausstoß einzelner Länder (www.tagesschau.de, 16.05.2023)

Wie aus Abbildung 71 erkennbar, zählen China und die USA zu den Ländern mit dem höchsten CO_2-Ausstoß und Ziele können nur erreicht werden, wenn alle Länder, besonders aber China und die USA alle dafür notwendigen Maßnahmen umsetzen.

Durch geopolitische Krisen mit globalen Auswirkungen haben Klima- und Umweltthemen etwas an Schwung verloren.

Das führt dazu, dass auch auf der letzten Weltklimakonferenz einige Beschlüsse gefasst wurden in vielen Bereichen die Ergebnisse immer noch unkonkret sind.

Die wichtigsten Themen der Weltklimakonferenz in Sharm El Sheik 2022 waren Klimaschäden, Finanzierung und Klimaanpassung. Die notwendigen Maßnahmen zu deren Abarbeitung sollten bei der nächsten Konferenz in Dubai 2023 konkret werden und weitere Verfahrensschritte zur Finanzierung für Klimaschutz und Klimaanpassung sollen im Jahre 2024 beschlossen werden.

Die Weltklimakonferenz (COP 28) in Dubai 2023 war aus Sicht der Teilnehmer ein Erfolg; alle Staaten haben sich dazu bekannt, die Erderwärmung auf 1,5 Grad gegenüber der vorindustriellen Zeit zu begrenzen, eine Verdoppelung der Energieeffizienz und eine Verdreifachung der erneuerbaren Energien bis 2030 wurde festgeschrieben und das Ende der fossilen Brennstoffe ausgerufen. Dennoch kommt der von mehr als 100 Staaten geforderte klare Ausstieg von fossilen Brennstoffen in dem in Dubai verabschiedeten Abschlussbericht, nicht vor. [www.tagesschau.de, 15.06.2024]

Die nächste Klimakonferenz ist für November. 2024 in Baku (Azerbaijan) geplant.

Die Umweltrelevanz zum Thema „Turbinenöle" wird über zwei Hauptaspekte verfolgt: Herstellung der Öle in den Raffinerien und Anwendung der Turbinenöle im Betrieb.

Der Schutz von Mensch und Natur bedeutet dabei mehr als die Umsetzung und Einhaltung gesetzlicher Auflagen, er ist verantwortungsbewusste, oberste Pflicht.

9.1.1 Umweltrelevanz im Herstellungsprozess

Bei der Herstellung der Turbinenöle in den Raffinerien werden alle umwelt-relevanten Aspekte unter Einhaltung sämtlicher Umweltauflagen und Richtlinien berücksichtigt.

Während sich die ersten Raffinerien, Mitte des 19. Jahrhunderts auf Destillationsanlagen beschränkten, werden heute die Rohöle durch äußerst komplexe Verfahren zu einer Vielzahl hochwertiger Produkte verarbeitet (siehe technologische Verfahren zur Erdölaufbereitung in einer Raffinerie, dargestellt im Kapitel „Turbinenöle").

Zu Beginn des Raffineriebetriebes kam es zu erheblichen Umweltbelastungen durch unsachgemäß entsorgte Reststoffe bzw. Abfälle, ungereinigte Abwässer und schädliche Abgase.

Heute sind Raffinerien durch moderne Technologien und strengere Umweltgesetzgebung bezüglich Umweltbelastung stark optimiert, aber es fallen, trotz großer Fortschritte im Bereich Umweltschutz, immer noch Probleme mit Schadstoffvermeidung und Schadstoffbeseitigung an.

Es gibt weiterhin zu hohe Kohlendioxid Emissionen, ebenso Schadstoffe wie Schwefeloxide, Stickoxide, VOC (Volatile Organic Compounds) und Staub in der Abluft der Raffinerien.

Ebenso sind Raffineriearbeiter und das unmittelbare Umfeld permanenten Gerüchen (volatile Kohlenwasserstoffe, Abwasseranlagen, Schlämme) ausgesetzt und haben auch Lärmbelastung durch verschiedene Aggregate, Kompressoren, Kühltürme und Motoren zu ertragen.

Generell haben die Umweltschutzmaßnahmen nach der EU-Richtlinie „Integrierte Vermeidung und Verminderung der Umweltverschmutzung, RL 96/61 EG" zu erfolgen. Das von der Europäischen Kommission entworfene „Technical Working Group" für Raffinerien ist ebenfalls zu berücksichtigen.

Schwefelrückgewinnungsanlagen, Rauchgasreinigungsanlagen (Entschwefelung, Entstickung z. B. SCR (Selektive Katalytische Reduktion) und Entstaubung mittels Elektrofilter tragen zur Einhaltung der Luftemissionen bei.

Eine wichtige Rolle zum Umweltschutz spielen Maßnahmen zur Kontrolle der Abwässer, Bodenkontaminationen ganz besonders bei Störfällen.

Wasserverbrauch und Wärmebilanz sind wichtige Themen der Ressourcen-schonung und Effizienzsteigerung der Raffinerien.

Trotz bisheriger Erfolge, wofür hohe Beträge ausgegeben wurden, finden weiterhin viele Umweltaktionsprogramme zur Effizienzsteigerung und Nachhaltigkeit statt, durch Auswahl der Rohölqualität, Einsatz neuer Katalysatoren, Rückgewinnungen aus Abfällen u. a. wirksamen Verfahren.

9.2 Entsorgung der Altöle

Turbinenöle, welche die für einen sicheren Betrieb festgelegten Grenzwerte erreicht haben und über mechanische und chemische Aufbereitungsverfahren nicht mehr in das notwendige „Qualitätsfenster“ gebracht werden können, sind, wie alle Altöle, nach der seit 1987 bestehenden, 2002 erweiterten, letztlich durch die am 15. Oktober 2020 verbesserte Novelle, der Altölverordnung zu entsorgen.

Altöle dürfen nicht mit anderen Abfällen vermischt werden und sind, entsprechend den unterschiedlichen Sammelkategorien, voneinander getrennt zu halten.

Wie in § 4 der Altölverordnung festgelegt, ist die Aufbereitung der Altöle vor allen anderen Entsorgungsmaßnahmen zu berücksichtigen.

Die Aufbereitung schließt jene Verfahren ein, bei dem Basisöle durch Raffinationsverfahren aus Altölen gewonnen werden. Hierbei werden Schad-stoffe, Oxidationsprodukte und Zusätze abgetrennt.

Basisöle sind unlegierte Grundöle, die laut Altölverordnung über Sortengruppe 04 für Turbinenöle wiederverwendet werden.

9.3 Erneuerbare Energie

Die Endlichkeit der fossil-nuklearen Energieträger nimmt eine zentrale Rolle für die Energiewende ein und somit ist der Übergang zu anderen Arten der Energieversorgung notwendig.

Fossile Rohstoffe, vor allem Erdöl, sind wichtige Grundstoffe in der Petrochemie, was in Anbetracht der Endlichkeit dieser Ressourcen auch zu berücksichtigen ist.

Neben der Endlichkeit der Energieträger sind bei der Kernenergie auch die Endlagerung abgebrannter Spaltmaterialien, und die Gefährdung der Bevölkerung durch Störfälle in Kernkraftwerken, als wichtige Entscheidungs-faktoren zur Nutzung der Kernenergie, zu betrachten.

Eine vollständige weltweite Energiewende wäre, rein technisch bis 2030 möglich, aber aus ökonomischen und politischen Gründen, muss mit einem längeren Zeitraum gerechnet werden.

Generell wird eine Umsetzung bis 2050 als realistisch angesehen, wobei bis 2030 der Ausbau fossiler und nuklearer Energien gestoppt werden soll, um so dem Wechsel zu einem regenerativen Energiesystem zu ermöglichen.

Für die Umsetzung der Energiewende sind verschiedene Schlüsseltechnologien notwendig, bei welchen Wind- und Solarenergie eine besondere Stellung einnehmen. Diese Energien weisen, im Vergleich zu konventionellen Kraft-werken, deutlich niedrigere Schadstoff- und Treibhausgasemissionen auf.

Allerdings müssen, für eine komplette Bewertung, auch die Kosten für Netz-ausbau und Stromspeicherung, die bei einem regenerativen Energiesystem anfallen, berücksichtigt werden.

Tabelle 39 zeigt einen Vergleich der Stromgestehungskosten zwischen fossiler Energie und den erneuerbaren Energien.

Stromgestehungskosten sind Kosten, die bei der Energieumwandlung von einer anderen Energie in elektrischen Strom entstehen.

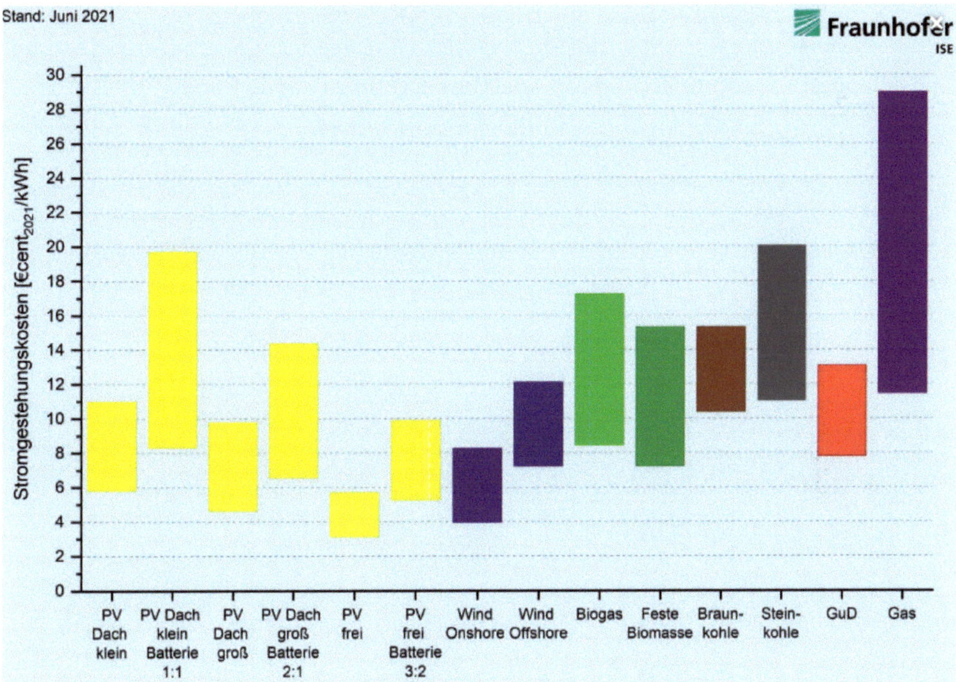

Tabelle 39: Stromgestehungskosten in Deutschland 2021 (www.ise.fraunhofer.de/de/veroeffentlichungen/studien/studie-stromgestehungskosten-erneuerbare-energien.html, 16.05.2023)

Leicht erkennbar, dass teilweise Photovoltaik, Windenergie Offshore und Biogas zu höheren Kosten, im Vergleich zu de konventionellen Energieträgern, führen.

Kernziel der Energiewende ist die Realisierung einer nachhaltigen Energieversorgung in den Sektoren

- Strom
- Wärme
- Mobilität

Zunächst wurde die Energiewende auf die Vollendung des Atomausstiegs und den Klimawandel reduziert.

Die globale Erwärmung und ihre Folgen sind die größte Herausforderung des 21. Jahrhunderts.

Laut dem 5. Sachstandsbericht des IPCC (Intergovernmental Panel on Climate Change) wird bei Einhaltung des gegenwärtigen Emissionsniveaus bis zum Jahre 2100, ein globaler Temperaturanstieg zwischen 3,7 und 4,8°C vorausgesagt.

Der Klimawandel kann nur begrenzt werden, wenn der globale Einsatz fossiler Energieträger bzw. die durch Verbrennung fossiler Energieträger entstehenden Treibhausgase stark reduziert werden.

Die Grundlage für den Ausbau der erneuerbaren Energien wurde in Deutschland durch das Erneuerbare-Energien-Gesetz (EEG) aus dem Jahre 2000 geschaffen.

Ziel des EEG war es den neuen Wind- und Sonnenenergien durch feste Vergütungen und garantierte Abnahme des Stromes den Markteintritt zu ermöglichen.

Die Aufzeichnungen zu der Bruttostromerzeugung in Deutschland für die Zeitspanne 1990 bis 2022 sind in Abbildung. 72 zusammengefasst.

Unter Bruttostrom versteht man die insgesamt produzierte Strommenge eines Landes.

Während die Abbildung 72 die nach Energieträger produzierte Energiemenge in TWh aufzeigt, bietet die Tabelle 40 eine prozentuale Aufteilung der entsprechenden Energiemengen an.

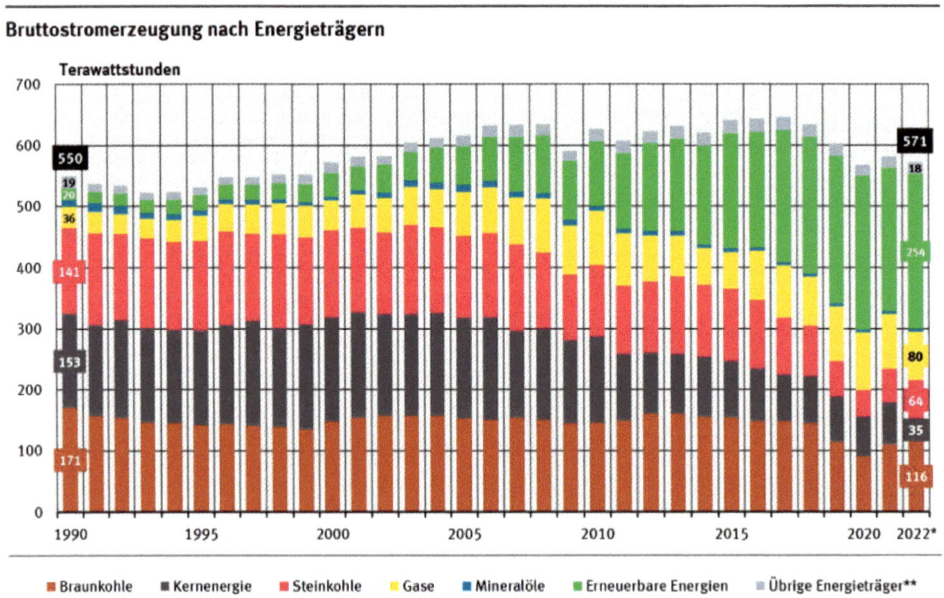

Abb. 72: Bruttostromerzeugung in Deutschland 1990–2022 (www.umweltbundesamt.de › daten › energie, 16.05.2023)

Die Aufzeichnungen für Deutschland zeigen die anteilig erzeugte Energiemenge der einzelnen Energieträger.

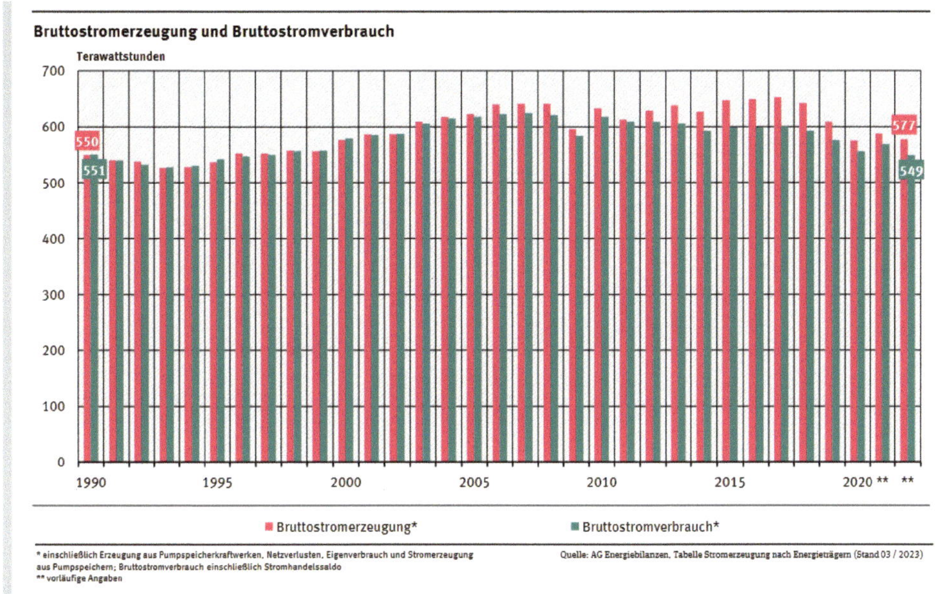

Abb. 75: Entwicklung der Bruttostromerzeugung und des Bruttostromverbrauchs in Deutschland 1990–2022 (www.umweltbundesamt.de, 16.05.2023)

Abbildung 75 zeigt, dass ab 2003 die Stromerzeugung permanent höher war als der Stromverbrauch, zeitweise sogar deutlich höher.

Die Stromerzeugung nahm in der Zeitspanne 1990–1993, wegen der Stilllegung veralteter Industrie- und Kraftwerksanlagen in den neuen Ländern, ab.

Ebenso gab es wegen des konjunkturellen Einbruchs, im Jahre 2009 einen deutlichen Rückgang in der Stromerzeugung.

Ein wichtiger Schritt erfolgte mit der Reform des EEG im Jahre 2014. Einige der wichtigen Punkte daraus sind:

- Intensivierung der Maßnahmen zum Klima- und Umweltschutz
- Nachhaltige Energieversorgung
- Schonung fossiler Energieressourcen
- Weiterentwicklung von Technologien zur Stromerzeugung aus erneuerbaren Energien
- den bisherigen Kostenanstieg zu bremsen
- Nichtgefährdung der Wettbewerbsfähigkeit der stromintensiven Industrie
- Sicherung der Wertschöpfung und der Arbeitsplätze in Deutschland
- Trendwende bei den Förderkosten eingeleitet und die EEG-Umlage stabilisiert

Über die EEG 2014 wurde auch das Ziel verfolgt den Anteil des aus erneuerbaren Energien erzeugten Stromes, auf mindestens 18 % bis zum Jahr 2020 und auf 80 % des Bruttostromverbrauchs bis zum Jahre 2050 zu erhöhen.

Mit dem EEG 2017 wird eine neue Situation geschaffen; die Förderhöhe des erneuerbaren Stroms wird nicht mehr staatlich festgelegt, sondern grundsätzlich durch Ausschreibungen am Markt bzw. den dadurch aufkommenden Wettbewerb, ermittelt. Im Jahre der EEG 2017 betrug die Gesamtstromerzeugung in Deutschland 655 TWh. Abbildung 76 zeigt die Zusammensetzung der Stromerzeugung nach Energieträger sowie deren prozentualen Anteil. Der Anteil der erneuerbaren Energie ist im kleineren Kreisdiagramm dargestellt.

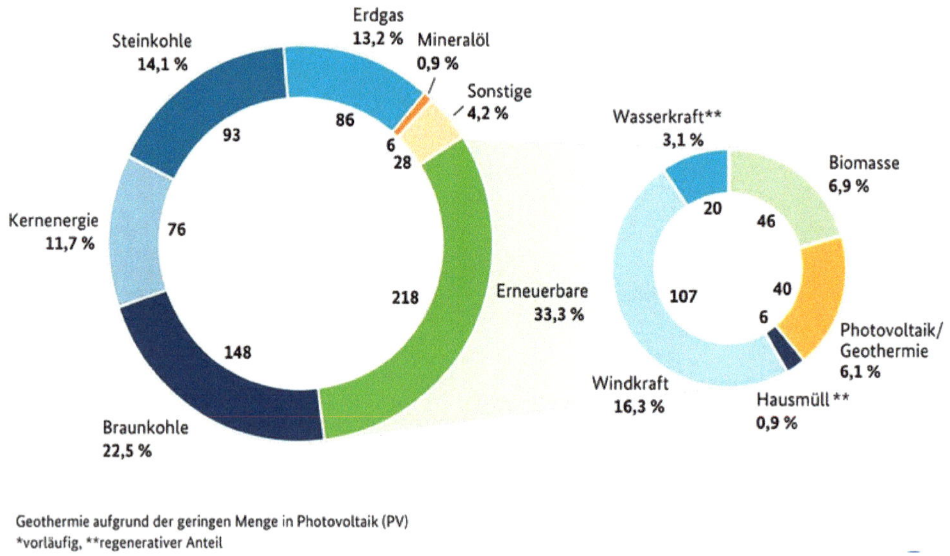

Abb. 76: Bruttostromerzeugung – Deutschland im Jahre 2017 (www.bmwi.de/redaktion/DE/Dossier /erneuerbare-energien.html, 16.06.2023)

Der Anstieg der erneuerbaren Energien ist deutlich, wobei der Hauptanteil über Windkraft realisiert wurde.

Photovoltaik und Biomasse leisten einen vergleichbaren Anteil. Wasserkraft, Hausmüll und Geothermie runden den Gesamtbeitrag der erneuerbaren Energie auf 33,3 % anteilmäßig auf.

Verfolgt man, im Vergleich dazu, die Nettostromerzeugung in Deutschland im Jahre 2022 zur öffentlichen Stromversorgung, wie in Abbildung 77 dargestellt, so ergibt sich für die Stromerzeugung folgende Verteilung nach Energieträgern:

238,2 TWh Strom wurde durch Erneuerbare Energien erzeugt, 241,8 TWh durch fossile Energieträger, wobei durch die Abschaltung der Kernkraftwerke Brokdorf, Grohnde und Gundremmingen zum 31.12.2021 der durch Kernkraft erzeugte Stromanteil halbiert wurde.

Bei der Darstellung in Abbildung 77 ist die industrielle Stromerzeugung für den Eigenbedarf nicht berücksichtigt.

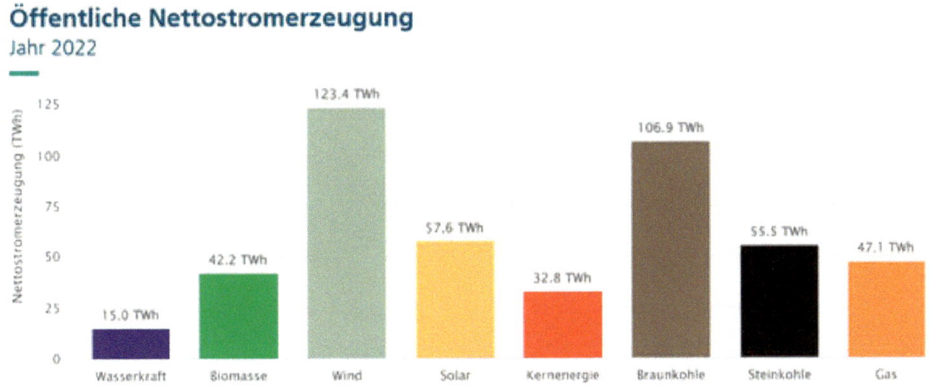

Abb. 77: Nettostromerzeugung in Deutschland im Jahre 2022 (www.ise.fraunhofer.de › ise › documents, 16.05.2023)

Die wichtigsten neuen Energieträger sind Wind- und Sonnenenergie. Biomasse und Wasserkraft leisten ebenso einen wertvollen Beitrag zu der Energiewende.

Eine interessante Übersicht zum Deutschen Strommix von 2011–2020 zeigt die Aufstellung von Fraunhofer ISE, wie in Abbildung 78 dargestellt.

Bemerkenswert ist der verzeichnete Anstieg des Anteils Erneuerbarer Energien, von 23,3 % im Jahre 2011 auf 50,5 % im Jahre 2020 an der Stromerzeugung in Deutschland, während der Anteil konventioneller Energieträger, für den gleichen Zeitabschnitt, von 76,7 % auf 49,5 % sinkt.

Vergleicht man die Angaben in den letzten aufgezeigten Abbildungen so lassen die Daten, wenngleich die Zahlen nicht völlig übereinstimmen, trotzdem einen eindeutigen Anstieg der Erneuerbaren Energien bei gleichzeitigem Rücklauf der konventionellen Energieträger erkennen.

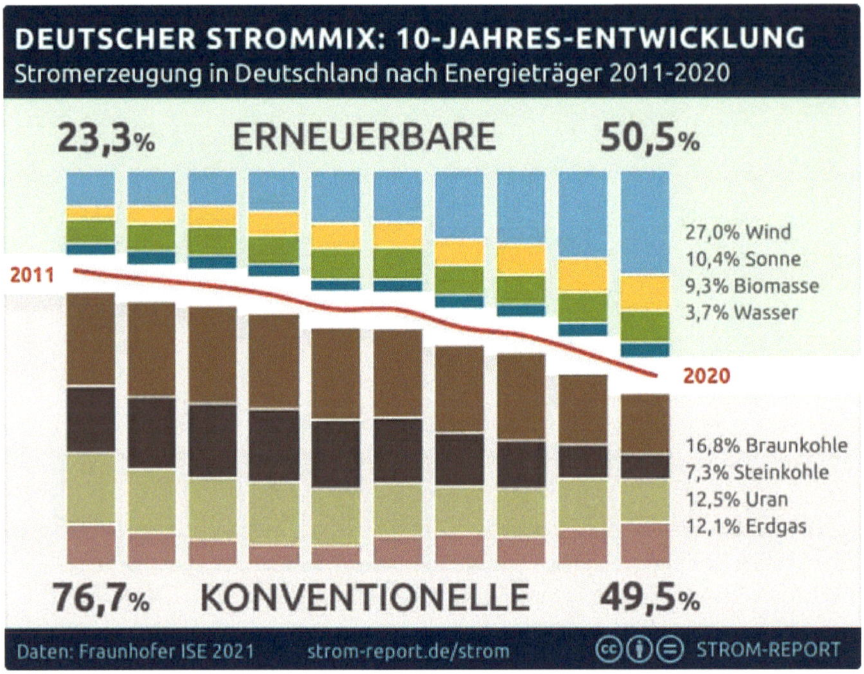

Abb. 78: Deutscher Strommix-10 Jahres Entwicklung (www.strom-report.de/strom, 16.05.2023)

Ergänzend dazu, zeigen uns die letzten beiden Darstellungen des Fraunhofer Instituts zum Strommix für die Jahre 2021 und 2022, wie in den Abbildungen 79, 80 und 81 erkennbar, die Entwicklung zur Stromerzeugung in Deutschland.

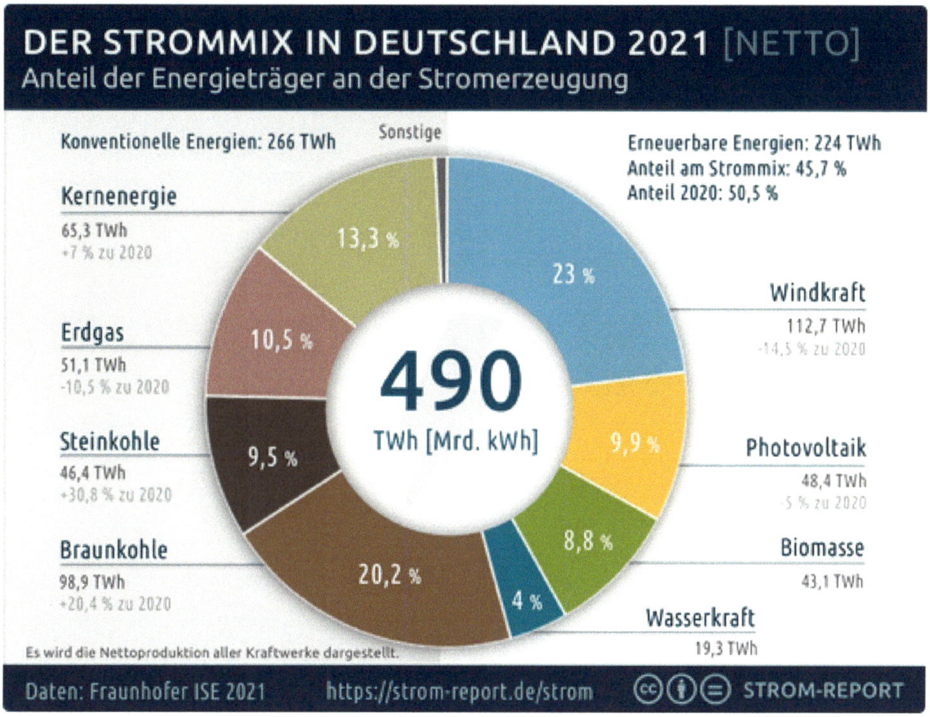

Abb. 79: Strommix in Deutschland im Jahre 2021 (www.strom-report.com, 16.05.2023)

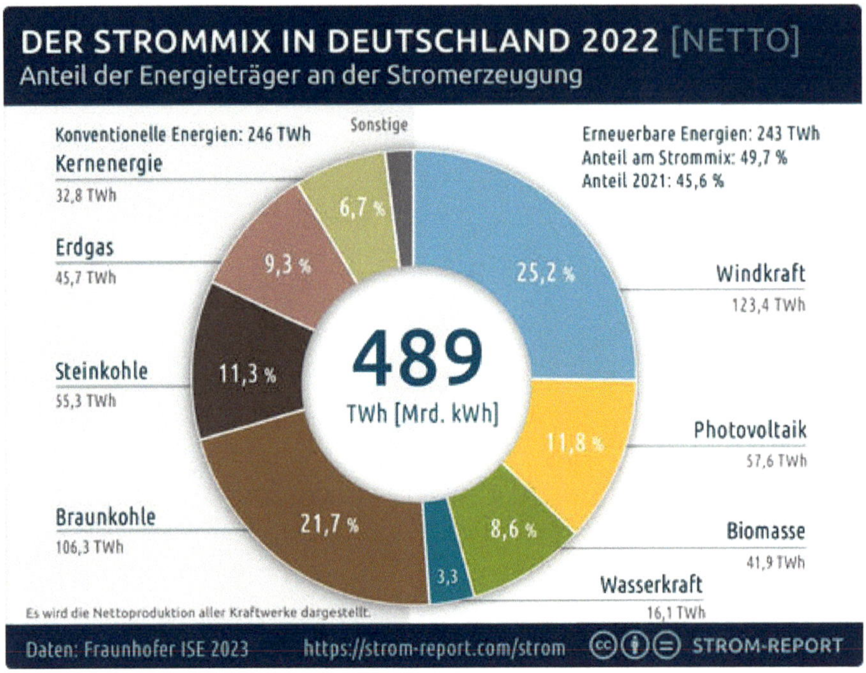

Abb. 80: Strommix in Deutschland im Jahre 2022 (www.strom-report.com, 16.05.2023)

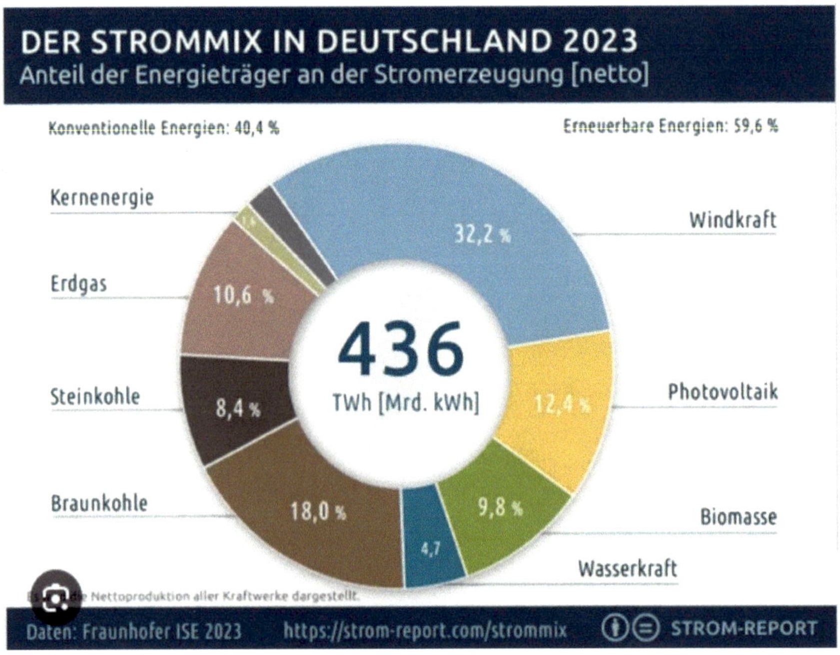

Abb. 81: Strommix in Deutschland im Jahre 2023 (www.strom-report.com, 15.06.2024)

Die allgemeine Entwicklung der Stromerzeugung durch Erneuerbare Energien ist deutlich erkennbar. Um den Rücklauf der Stromerzeugung durch Kernkraftwerke zu kompensieren, werden immer mehr Stromanteile aus erneuerbaren Energien durch Nutzung von Wasser, Wind und Sonne sowie Erdwärme und Biomasse produziert.

Die Stromerzeugung aus erneuerbaren Energien leistet auch einen wichtigen Beitrag bei der Vermeidung von Treibhausgasen und Luftschadstoffen in Deutschland.

Während bis Ende der 1990er-Jahre Treibhausgase, vor allem durch aus Wasserkraft produzierten Strom eingespart wurden, so leistet heute die Windenergie diesbezüglich den größten Beitrag (etwa 40 %)

An der Vermeidung der Treibhausgasemissionen ist Biomasse mit 25 % beteiligt, wobei biogene Festbrennstoffe und Biogas anteilmäßig den größten Beitrag leisten.

Für die Energiewende ist der weitere Ausbau der erneuerbaren Energie sehr wichtig; der Anteil erneuerbarer Energien von derzeit rund 32 % soll im Jahre 2025 auf 40–45 % erhöht werden und laut Vereinbarung im Koalitionsvertrag auf 65 % im Jahr 2030 steigen.

Wichtig für die Erreichung der energiepolitischen Ziele und Realisierung der Klimavorgaben ist eine entsprechende Steigerung der effizienten Energienutzung, was aber nur mit erheblichen Investitionen in neue Technologien möglich sein wird.

Eine wesentliche Rolle nimmt dabei der kostengünstige Ausbau erneuerbarer Energien ein; technische Maßnahmen zur Verbesserung betrieblicher Abläufe können ebenso einen zielgerichteten Beitrag leisten.

Es gilt, in allen Sektoren, ungenutzte und realisierbare Potentiale für Energie-effizienz und Energieeinsparung zu finden und umzusetzen.

Eine interessante Prognosen-Darstellung zum Primärenergieverbrauch bis zum Jahre 2050 zeigt uns Abbildung 82.

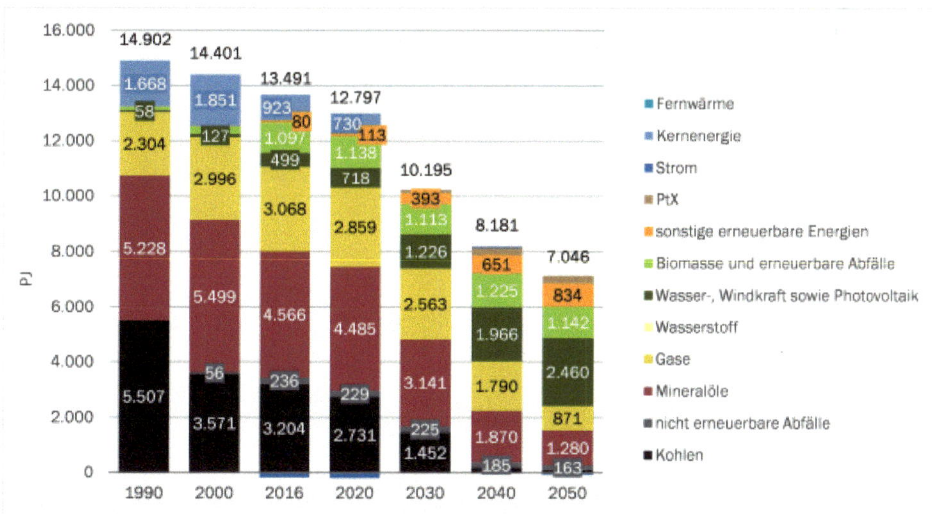

Abb. 82: Prognose zu Primärenergieverbrauch (www.bmwi.de/Redaktion/DE/Publikationen/Industrie/energiewirtschaftliche-projektionen-und-folgeabschaetzungen-2030-2050.html, 16.05.2023)

Abbildung 82 stellt den Primärenergieverbrauch nach Energieträgern auf und setzt die Primärenergieproduktivität und Bevölkerung dazu in Relation.

Wie zu erkennen, laufen die Veränderungen trotz Atomausstieg in die erwartete Richtung.

Bis zum Jahr 2050 verringert sich der Primärenergieverbrauch auf 7.046 PJ.

Die Struktur der Energieträger verändert sich deutlich, bei massivem Rückgang des Verbrauchs an fossilen Energieträgern, ist ein starker Anstieg der erneuerbaren Energieträger zu erkennen.

Derartige Veränderungen sind die Folge der Umsetzung von Effizienzmaßnahmen einerseits, aber besonders über den Ausbau erneuerbarer Energien im Stromsektor zu erklären.

Das Fraunhofer ISE hat eine Prognose zu der Kraftwerkstruktur in der Zeitspanne 2020 bis zum Jahre 2050 entwickelt.

Veränderungen einzelner Energieträger und deren Beteiligung an der Stromproduktion können in Abbildung 83 verfolgt werden.

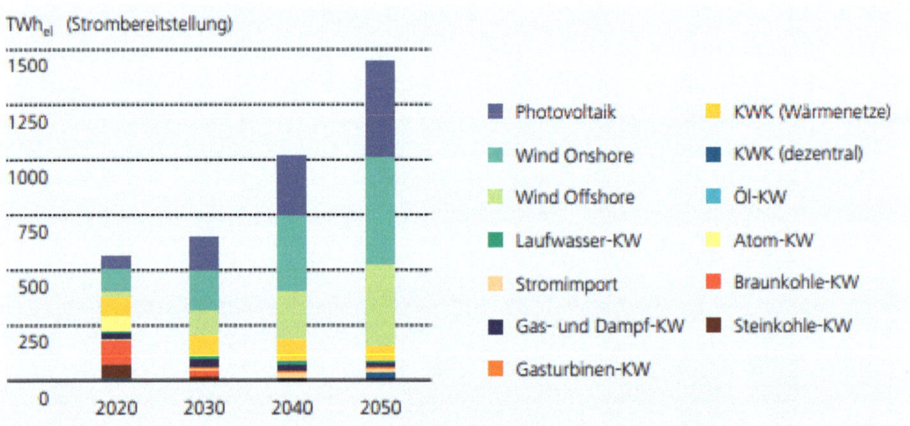

Abb. 83: Fraunhofer ISE Prognose zu Kraftwerkstruktur in Deutschland, (www.ise.fraunhofer.de, 16.05.2023)

Für den Zeitraum 2020 bis 2050 ist eine bedeutende Entwicklung der Photovoltaik und der Wind Onshore-Anlagen vorausgesagt. Gleichzeitig ist ein intensiver Rücklauf der mit Braunkohle, Steinkohle und Gas betriebenen Kraftwerke zu erwarten.

Der stufenweise Abbau von Kohleverstromung, der laut KVBG (Kohle-Verstromungs-Beendigungs-Gesetz) bis 2038 enden soll, sowie der beschlossene Kernenergieausstieg (im April 2023 gingen die letzten drei Kernkraftwerke vom Netz) stellen eine gewaltige energiewirtschaftliche Herausforderung dar, die nur erfolgreich gemeistert werden kann, wenn die Politik in enger Zusammenarbeit mit den Energieexperten entsprechende Maßnahmen und Gesetze verabschiedet und periodisch überprüft.

Prognosen zur Energiewende sind mit Unsicherheiten behaftet, da die Energiewende ein Prozess ist, der sich über mehrere Jahrzehnte erstreckt und für die Aufstellung einer

Prognose eine Reihe technologischer, ökologischer, ökonomischer und gesellschaftlicher Variablen betrachtet werden müssen.

Stromgestehungskosten konventioneller und regenerativer Erzeuger, die Preistendenz der Energierohstoffe, der Energieverbrauch und nicht zuletzt die Veränderungen in der Demografie spielen dabei eine wichtige Rolle.

Darüber ist zu erkennen, dass je nach Bedeutungszumessung der einzelnen Variablen, durchaus unterschiedliche Ergebnisse entstehen, die wiederum zu kontroversen Diskussionen in der Öffentlichkeit führen.

Bei der Energieerzeugung fallen sowohl betriebswirtschaftliche Kosten wie Bau, Betrieb und Rückbau von Kraftwerken als auch volkswirtschaftliche Kosten zu Umweltschutz, Gesundheits- und Klimaschäden, die nicht von den Verursachern, sondern von der Allgemeinheit getragen werden.

Die Energiewende, die drei Sektoren Strom, Wärme und Mobilität umfasst, hat auch das Ziel die von der konventionellen Energiewirtschaft verursachten ökologischen, gesellschaftlichen und gesundheitlichen Probleme zu minimieren und eine nachhaltige Energieversorgung durch erneuerbare Energien zu sichern.

Dieses Ziel wird als die größte Herausforderung des 21. Jahrhunderts angesehen und kann nur gelingen, wenn eine ausreichende Energiemenge bereitgestellt werden kann, wenn bei Ressourcenschonung neben dem Klimaschutz auch die Umweltverträglichkeit gesichert sind und die Strompreise bezahlbar bleiben.

Um dieses Ziel zu realisieren sind konventionelle Kraftwerke, besonders der Gasturbinenbetrieb, auf absehbare Zeit als Brückentechnologie unverzichtbar.

10 Fazit und Ausblick

Das Thema „Turbinenöle im Kraftwerksbetrieb“ erscheint auf den ersten Blick als recht übersichtlich und allgemein bekannt. Bei näherer Betrachtung wird die Komplexität des Themas jedoch deutlich erkennbar. Das Verständnis der Komplexität des Themas setzt zahlreiche Informationen und Kenntnisse in unterschiedlichen Bereichen voraus, von denen, jeder für sich, umfangreiche Bücher füllen könnte. Somit hat sich der Autor darauf beschränkt, verschiedene Teilbereiche nur so detailliert aufzuführen, wie dies zum allgemeinen Verständnis der Grundthematik „Turbinenöle“ erforderlich ist.

Rein informativen Charakter haben die Angaben zu konventionellen Kraftwerken, Möglichkeiten zur Nutzung erneuerbarer Energieträger, Darstellungen der Stromerzeugung und des Stromverbrauchs in Deutschland über Zeiträume, die mit den EEG-Vereinbarungen einen Wandel aufzeigen sowie Herstellungsverfahren der Turbinenöle, meist katalytischen Prozessen in den Raffinerien.

Der Schwerpunkt der Ausführungen betrifft die Turbinenöle (Neuöle und Öle im Betrieb) deren Qualitätsanforderungen, Prüfverfahren, Bewertungskriterien und speziell die Ölalterung, d. h. das Oxidationsverhalten verschiedener, im Öl vorhandener Kohlenwasserstoff-Strukturen. Ebenso wird der Einfluss verschiedener Faktoren wie Luft, Wasser, metallischer Abrieb und Schlamm auf die Kohlenwasserstoffe im Alterungsprozess, aufgezeigt.

Diese Erkenntnis sollte einen Anstoß zu weiteren Untersuchungen geben, um die Oxidationsmethoden von langer Dauer (siehe Baader-Test) durch kurze, aussagekräftige Methoden zu ergänzen und, wenn möglich, zu ersetzen. Ein Anliegen welches, sowohl zur Bewertung der Neuöle, aber ganz besonders zur Bewertung der Turbinenöle im Betrieb, zur erweiterten Sicherheit und somit zur Wirtschaftlichkeit, auch im Sinne der Nachhaltigkeit, einen wichtigen Beitrag generieren könnte.

Die im Labor durchgeführten Versuche mit der neuen, aussagekräftigen photochemischen Oxidationsmethode haben gezeigt, dass derartige Forschungen auch weiterhin durchgeführt werden sollten, um auch methodisch eine Effizienzsteigerung zu erreichen, ohne dabei in Bereiche zu driften, die sich von den Praxisbedingungen zu sehr entfernen und dadurch irrelevant sind.

Klimawandel, Kohlendioxid-Ausstoß, Treibhausgaseffekte einerseits und die Endlichkeit der fossilen Brennstoffreserven andererseits waren und sind ein Antrieb zur Nutzung neuer Energieträger. Seit der Einführung des Atomgesetzes von 2002 und des Erneuerbare-Energien-Gesetzes (EEG) ist stetig ein Rückgang der konventionellen Energieerzeugung beziehungsweise ein kontinuierlicher Anstieg des Anteils erneuerbarer Energien an der Bruttostromerzeugung zu erkennen.

Das Thema Turbinenöle wird auch in Zukunft von Bedeutung sein, selbst wenn in einem hoch entwickelten Industrieland wie Deutschland eine vollständig auf erneuerbaren Energien beruhende Stromerzeugung (aus heutiger Sicht) bis 2050 möglich erscheint.

Konventionelle Kraftwerke werden trotz Energiewende und Klimazielen weiterhin benötigt, da die Stromerzeugung derzeit besonders aus Wind- und Sonnenenergie starken Schwankungen unterliegt. Noch gibt es ungenügend gesicherte Leistung durch erneuerbare Energien und nur ungenügende Speichermöglichkeiten der Stromüberschüsse.

Somit ist es nötig, konventionelle Kraftwerke noch in erheblichem Umfang und über einen längeren Zeitraum zu betreiben, um Schwankungen zwischen Stromerzeugung und Stromverbrauch ausgleichen zu können.

Die in diesem Buch beschriebenen Ausführungen sollen einen bescheidenen Beitrag zum allgemeinen Verständnis der doch sehr komplexen Thematik der Turbinenöle leisten, aber auch ein Ansporn für wirksame Maßnahmen auf dem Weg zur erfolgreichen Energiewende sein, die eine der größten ökologischen, ökonomischen und gesellschaftlichen Herausforderungen des 21. Jahrhunderts darstellt.

Intensive Grundlagenforschung, rationelle Anwendungstechnik und selektive Nutzung der Betriebserfahrung schaffen eine notwendige Grundlage für effiziente, umweltfreundliche, klimaneutrale und nachhaltige Technologien, für eine erfolgreiche Wirtschaft und ein Leben der Menschen in Wohlstand.

11 Literaturverzeichnis

1. Aczel T.: Anwendungen der hochauflösenden Massenspektrometrie bei der Analyse von Erdöl und Kohlederivaten. Erdöl und Kohle, 26, 1973, S. 27-31.
2. Aguilar G., Mazzamaro G., Rasberger M.: Oxidative degradation and stabilisation of mineral oil-based lubricants. In: Chemistry and technology of lubricants. Springer 2010, S. 107-152.
3. Aldrian W.: Der Einfluss des Luftabscheidevermögens von Turbinenöl auf den Turbinenbetrieb. VGB-Kraftwerkstechnik 53, Heft 7, 1973, S. 456-463.
4. Altmann H., Zimmermann V., Staude B.: Phenolische Antioxidantien und ihre Bestimmung in Schmierölen. Schmierungstechnik 1975, Band 6(2), S. 52-55.
5. Appeldoorn J.K., Pacor P. Riddei V.: Lead corrosion and oil oxidation. Nature (London) 239, Nr. 5373, 1972, S. 451-455.
6. ASTM-D-2272: Standard Test Method for Oxidation Stability of Turbine Oils by Rotating Pressure Vessel.
7. ASTM-D-6439: Standard Guide for Cleaning, Flushing and Purification of Steam, Gas and Hydroelectric Turbine Lubrication System.
8. Barnard D., Bateman L., Cain E., Colclough T., Cunneen J.I.: The oxidation of organic sulphides. Chem. Soc. 1961, S. 5339-5344.
9. Bartz W.J.: Additive für Schmierstoffe. Curt R. Vincentz Verlag Hannover, 1988.
10. Bateman L., Hughes H.: The thermal decomposition of Cyclohexenyl. Hydroperoxide in Hydrocarbon Solvents. J. Chem. Soc. 1952, S. 4595-4601.
11. Bateman L., Hughes H., Morris A.L.: Hydroperoxide decomposition in relation to the initiation of radical chain reactions. Disc. Faraday Soc. 14 (1953) S. 190-199.
12. Bawn C.E.H., Williamson J.B.: The oxidation of acetaldehyde in solution. Trans. Faraday Soc. 47 (1951), S. 721-735.
13. Bell E.R., Raley J.H., Rust F.F., Seubold F.H., Vaughan W.E.: Reactions of free radicals associated with low temperature oxidation of paraffins. Faraday Soc. Disc. 10, Hydrocarbons, 1951. S. 242-249.
14. Bennett J.E., Brown D.M., Mile B.: Studies by electron spin resonance of the reactions of alkylperoxy radicals Part 1. Absolute rate constants fort he termination reactions of alkylperoxy radicals. Transactions of the Faraday Society 66 (1970), S. 386-396.
15. Bennett J.E. u.a.: Studies by electron spin resonance of the reactions of alkylperoxy radicals. Part 2: Equilibrium between alkylperoxy radicals and tetroxide molecules. Transactions of the Faraday Society 66, (1970) S. 397-405.
16. Berthold P. H. u.a.: Beitrag zur I.R. spektrometrischen Strukturgruppenanalyse aromatenhaltiger Mineralölprodukte. Chem. Technik 27, Heft 4, 1975, S. 234-237.
17. Berthold P. H. u.a.: Strukturgruppenanalyse natürlicher und technischer Kohlenwasserstoffgemische. VEB Deutscher Verlag für Grundstoffchemie. Leipzig, 1968.
18. Bickel A.F., Kooyman E.C.: Alkylperoxi-Radicals. Part III. Kinetics of autoxidations retardet by aromatic amines. J. Chem. Soc. 1957, S. 2217-2221.
19. Blaine R.L. Thermal analytical characterization of oils and lubricants. American. Laboratory.vol.6, nr. 18, 1974, S. 18-22.
20. Blaine R.L. u.a.: Obtaining kinetic parameters by modulated thermogravimetry. Journal of thermal analysis and calorimetry (1998), 54 (2), S. 695-704.

21. Boberg F. u.a.: Strahlenchemische Untersuchungen mit Kohlenwasserstoffen und Schwefelverbindungen. Erdöl und Kohle, 33. Jg., Heft 5, Mai 1980, S. 227.
22. Boberg F. u.a.: Strahlenchemische Untersuchungen mit Kohlen-Wasserstoffen und Schwefelverbindungen. Erdöl & Kohle, 27. Jg., Heft 9, 1974, S. 529.
23. Bourdoncle B. u.a.: Etude de la resistence a l'oxidation d'une serie d'hydrocarbures pure de poids moleculaires eleves. Rev. Inst. Franc. Du Petrole, 24,7-8 (1969) S. 940-952.
24. Brandes G.: Die Strukturgruppenanalyse mit Hilfe der Ultrarotspektroskopie. Brennstoff- Chemie 1956, Nr. 37, S. 263-267.
25. Brandes G.: Die Strukturgruppenanalyse von Erdölfraktionen. Erdöl und Kohle 11(1958) 10, S. 700-702.
26. Brazier A.D. u.a.: The thermal stability of Zinc-Dithiophosphates. J. Inst. Petr. 1967, 53, S. 63-67.
27. Burgbacher G. u.a.: VEB- Kraftwerkstechnik 57, Heft 6, Juni 1977. S. 434-441.
28. Burn A. J.: Symposium on reactions of molecular oxigen with organic compounds. Stanford Research Inst. San Francisco 28.8.-1.9.1967.
29. Burn A.J. u.a.: Optimum aromaticity in lubricating oil oxidation. J. Inst. Petrol. Vol. 58, nr. 364, 1972, S. 346-350.
30. Burn A.J.: The mechanism of the antioxidant action of Zinc-dialkyldithiophosphates. Tetrahedron, 1966, 22, S. 2153-2161.
31.Calhoun S.G.K. u.a.: Foaming and antifoaming in non-aqueous liquids. Curr. Opin. Colloid Interface Sci. (2022) Article 101558.
32. Chadwick D. u.a.: Electron Spectroscopy of Corrosion. Inhibitors. Surface Films Formed by MBT and MBIA on Copper. Surface. Science 89, 1979, S. 649-659.
33. Cibula G.: Die Oxidation bei Schmierölen. Mineralöltechnik, 11 Juli, nr. 8/9, 1966, S. 1-20.
34. Colclough T. u.a.: Oxidation of organic sulphides. Chem. Soc. 1964, S. 4790-4793.
35.Colclough T.: Role of additives and transition metals in lubricating oil oxidation. Industrial & Engineering Chemistry Research, 26,1987, S. 1888-1895.
36. Colclough T.: Lubricating oil oxidation and stabilization. G. Scott (Editor) vol. II, 1993, S. 1-64.
37. Commichau W.: Prediction of life of industrial oils with additives. Erdöl und Kohle, vol. 25, nr.6, 1972, S. 322-327.
38. Cox R.: The caracterization and quantitative analysis of dialkyl and diaryl dithiophosphates by thin-layer chromatography and densitometry. Journal of Chromatography A, vol.105, issue 1,19, February 1975, S. 57-64.
39. Cross C.K.: Oil Stability: A DSC alternative for the oxygen method. J. Amer. Oil, Chem. Soc. 47 (6), 1970, S. 229-230.
40. Darling S.M. u.a.: Influence of emission controls on fuel and lubricant additives. Chem. Technol., Vol.4, Nr. 6, 1974, S. 356-365.
41. Davies D.S. u.a.: Some reactions of the radical 2,4,6, Tri-t-butyl-phenoxyl. J. Chem. Soc. 1956, S. 4926-4933.
42. Denisov. E. T. Calculation of energies of CH-bonds dissociation in hydrocarbons based on kinetic data. Zhurnal Fizicheskoi. Khimii. 67,12, 1993, S. 2416-2422.
43. Denisov E.T.: Reactions and reactivity of peroxid radicals. Neftekhimia, 26, 1986, S. 723.
44. Denisov E.T.: Cyclic mechanism of chain termination in the oxidation of organic compounds Russian Chemical Review, 1996, vol. 65, Nr. 6, S. 505-520.

45. Denis J.: The relationship between structure and rheo-logical properties of hydrocarbons and oxygenated compounds used as base stocks. J. Synth. Lubr. 1984,1, S. 201-238.
46. Denkov N. u.a.: Mechanistic understanding of the modus of action of foam control agents. Adv. Colloid Interface Sci. 206, 2014, S. 57-67.
47. De Sousa J. B. u.a.: Alkoxy radicals. Nature, vol.186, 1961, S. 776-778.
48. Duncanson, M.: Effects of physical and chemical properties on foam in lubricating oils. J. Soc. Tribol. Lubr. Eng., May 2003, S. 9-13.
49. Emanuel N.M.: Kinetics and chain reactions of liquid-phase oxidation of hydrocarbons. Russ Chem Bull 23, (1974), S. 1010-1023.
50. Emanuel N.M. u.a.: The catalytic activity of transition metal compounds in the liquid-phase oxidation of hydrocarbons. Angewandte Chemie International, Edition in English 8. Jg. nr. 2, 1969, S. 97-107.
51.Fameau A.L. u.a.: Non-aqueous foams: current understanding on the formation and stability mechanism. Adv. Colloid Interface Sci. 247(2017) S. 454-464.
52. Fieser L.F.: An indirect method of studying the oxidation-reduction potentials of unstable systems, including those from the phenols and amines. Journal of the American Chemical Society 52, 12 (1930) S. 5204-5241.
53. Ford J.F.: Lubricating oil additives- a chemist's eye view. J. Inst. Petrol., vol.54, nr.535, Juli 1963, S. 198-210.
54. Fox P.G. u.a.: Some chemical aspects of the corrosion inhibition of copper by benztriazole. Corrosion Science 19 (1979) S. 457-467.
55. Friberg S.E.: Foams in non-aqueous systems. Curr. Opin. Colloid Interface Sci. 15(2010) S. 359-364.
56. Garrett P.R.: The Science of Defoaming: Theory, Experiment and Applications. Surfactant Science Series, vol. 155, CRC Press, Boca Raton, FL, 2014.
57. Gatto V.J. u.a.: The relationship between oxidation stability and antioxidant depletion in turbine oils. Journal of synthetic lubrication 24 (2) April 2007, S. 111-124.
58. Gatto V.J. u.a.: Oxidation fundamentals and its application to turbine oil testing. E.R. J. ASTM Int., April 2006 3(4), S. 1-20.
59. Goldfarb I.I. u.a.: Liquid flows in foams. Fluid Dynamics, 1988, 23, S. 244-249.
60. Gooss W. A.: Spectroscopia de absorbtie in infrarosu folosita ca metoda analitica in supravegherea uleiurilor de turbina fabricate in tara. Energetica, Nr. 6, 1976, S. 183-187.
61. Gooss W. A. u.a.: Teste de performanta utilizate in aprecierea comportarii uleiurilor aditivate de turbina. Energetica, Nr. 10, 1976, S. 361-365.
62. Gooss W.A.: Rolul impuritatilor mecanice asupra evolutiei calitatii uleiurilor aditivate de turbine. Energetica Nr. 9, 1977, S. 322-328.
63. Gooss W. A. u.a.: Performantele obtinute in sistemul energetic a uleiurilor aditivate de turbina fabricate in rafinariile romanesti. Prima conferinta a Energeticienilor din Romania, 17.-19. Oct. 1974, Bucuresti.
64. Gooss W. A.: Criterii utilizate in aprecierea calitatii uleiurilor Aditivate de turbina. Constructia de Masini, nr. 12, 1976, S. 610-616.
65. Gooss W. A. u.a.: Posibilitati de aplicare a spectroscopiei I.R. in domeniul uleiurilor aditivate de turbine. Prima Conferinta a Energeticienilor. 17.-19. Oct. 1974, Bukarest.
66. Gooss W. A. u.a.: Rolul caracteristicilor de spumare ale uleiurilor aditivate in exploatarea sigura a turbu-agregatelor modern. Energetica, nr. 6, 1979, S. 265-268.

67. Gooss W. A.: Capacitatea de dezaerare – criteriu nou in aprecierea calitatii uleiurilor de turbina. Energetica nr.7, 1980, S. 266-269.
68. Gooss W.A.: Readitivarea uleiurilor de turbine folosite in Exploatarea turboagregatelor. Energetica nr.4, 1981, S. 179-183.
69. Gooss W.A.: Regulament de exploatare a uleiurilor de Turbine PE 214-83, Aprobat cu ordinul M.E.E. nr. 222/83 ICEMENERG, Bukarest, 1983.
70. Gooss W.A.: Eigenschaften verunreinigter Turbinenöle. Tribologie und Schmierungstechnik, 44. Jahrgang, Heft 4, Juli/August 1997, S. 157-159.
71. Gooss W.A.: I.R.-spektrometrische Strukturgruppenanalyse. Anwendung auf einige Mineralöle, Teil 1. Tribologie und Schmierungstechnik, 39. Jahrgang, Sept./ Okt., Heft 5, 1992, S. 258-260.
72. Gooss W.A.: I.R.-spektrometrische Strukturgruppen-Analyse, Teil 2. Tribologie und Schmierungstechnik, 39. Jahrgang, Nov./ Dez., Heft 6, 1992, S. 347-352.
73. Gray P. u.a.: Reactions of free radicals in the gas phase. Chem. Soc. Spec. Publ. 6 (1957) S. 97.
74. Grimmer G. u. a. Profile of the polycyclic aromatic hydrocarbons. Erdöl und Kohle, vol. 28, nr. 12, Dez. 1975, S. 570.
75. Grosse H.: Tendenz von Mineralölen zur Bildung von Aero Emulsionen. Vortrag des 3. Int. Kongresses für grenz-flächenaktive Stoffe, 2.-17. Sept. 1960.
76. Grossmann W.: Additives for Lubricants. Erdöl Erdgas Kohle 1991, 107(10) S. 417-421.
77. Guindi C. F.: Influence des parametres mecaniques, pression et vitesse sur l'oxidation de l'huile de graissage. Revue de l'Institut Francais du Petrole. Jan-Feb. Vol. 19, 1974, S. 87.
78. Hanst P. L. u.a.: The thermal decomposition of dimethyl peroxide: the oxygen-oxygen bond strength of dialkyl peroxides. The Journal of Physical Chemistry, 63(1) 1959, S. 104-107.
79. Hanst P.L. u.a.: Atmospheric oxidation of hydrocarbons: Formation of hydroperoxides and peroxyacids. Atmospheric Environment vol.17 issue 11, 1983, S. 2259-2265.
80. Hanst P.L. u.a.: The oxidation of methyl Radicals at room temperature. The Journal of Physical Chemistry 63(1), 1959, S. 71-77.
81. Hofmann R.: Methoden und Geräte zur Ölfilterung. 4. Forum der Schmierungspraktiker. Leipzig, 1.-2. April, 1965.
82. Holdsworth J. D. u.a.: Mechanism of antioxidant action: sulphur containing antioxidants. J. Chem. Soc. 1964, S. 4692-4699.
83. Howard J.A. u.a.: Metal Complexes as Antioxidants. The Reaction of Zinc Dialkyldithiophosphate and related Compounds with Peroxy Radicals. Can. J. Chem. 1973, 51, S. 1543-1553.
84. Hrapia H.: Strukturgruppenanalyse von Erdölbitumen. Erdöl und Kohle, Erdgas, Petrochemie Jg. 18, Heft 8, 1965, S. 629-632.
85. Hubmann A. u.a.: Bewertungskriterien legierter Turbinenöle. Erdöl und Erdgaszeitschrift 87, 1971, S. 163-169.
86. Hubmann A. u.a.: Luft im Schmieröl. Auswirkungen auf Öleigenschaften und Maschinenbetrieb. Erdöl-Erdgas Zeitschrift, 1977, 93, nr.10, S. 353-358.
87. Ingold K. U.: Chemical kinetics and mechanisms. Accounts Chem. Res. Nr. 1, 1969, S. 1-9.
88. Ingold K. U.: Kinetics and mechanistic studies of free radical reactions in the 21st century. Pure&Appl.Chem. vol. 69, Nr. 2, 1997, S. 241-243.
89. Ingold. K. U.: Inhibition of the Autooxidation of organic substances in the Liquid Phase. Chem. Rev. 1961, 61, 6, S. 563-589.

90. Ingold. K. U.: Synergistic and Antagonistic Effects of Antioxidants on a Hydrocarbon Oil. J. Inst. Petrol. 47, 1961, S. 375-382.
91. Ingold K.U. u.a.: Mechanism of inhibitors in oil oxidation-influence of acids and bases on the efficiency of inhibitors. Industrial & Engineering Chemistry1959, 51. Jg., Nr. 10, S. 1319-1324.
92. Jackson R. A. u.a.: Properties and reactions of free alkyl radicals in solution. Part XIII. Reactions with aromatic nitro-compounds. J. Chem. Soc. (1960), S. 1653-1657.
93. Jewell D. M. u.a.: Integration of chromatographic and spectroscopic techniques fort the characterization of residual oils. Ind. Eng. Chem. Fundamen. 1974, 13,3, S. 278-282.
94. Joffe J. J. u.a.: Cataliza eterogena in ingineria chimica. Editura tehnica Bucuresti, 1967. S. 74-87.
95. Kajdas C. u.a.: Naphthenisch-isoparaffinische Kohlenwasser-stoffe. Erdöl und Kohle, 1980, Heft 4, S. 170-175.
96. Kajdas C.: Rerefining technologies in T. Mang (Ed.): Encyclopedia of lubricants and lubrication. Springer Verlag, Heidelberg Berlin, 2014, S. 1554-1568.
97. Kajdas C.: Used oil Re-refining: overview of current technologies used. 3rd European Congress on Re-refining, Lyon, 1996.
98. Kalichevsky V.A.: in: Kirk Othmer Encyclopedia of Chemical Technology, 1th Supp. New York, Interscience, 1957, S. 655 und in: [Kenneth.... Kapitel VII, S. 309.
99. Kalinin P. A. u.a.: Method for evaluating deaeration properties of turbine oils. Chem. Technol. Fuels Oils 22, 1986, S. 434-436.
100. Kalinin P. A. u.a.: Antifoaming additives to turbine oils. Chemistry and Technology of Fuels and Oils. July 1989, 25 (7), S. 348-350.
101. Keagan D.J.: Economics of Re-Refining used lubricants. Lubrication Engineering 1992, S. 418-423.
102. Kennerly G. W. u.a.: Kinetic studies of petroleum antioxidants. Ind. Eng. Chem. 1956, Vol. 48, Nr. 10 S. 1917-1924.
103. Kenneth A. u.a.: Progrese in Prelucrarea titeiului. Editura Tehnica Bucuresti, 1968, S. 13, 20, 24.
104. Kharasch M. S. u.a.: The Chemistry of Hydroperoxides. The free-radical decomposition of Hydroperoxides. J. Org. Chem. (1950) 15, 4, S. 763-774.
105. Kitchener J. A. u.a.: Current concept in the theory of foaming. Quart Rev. Chem. Soc. 1959, 13, S. 71-79.
106. Klamann D (Hg.): Schmierstoffe und verwandte Produkte. Weinheim Verlag Chemie 1982.
107. Klein K. u.a.: New technology in centrifugal processing of fats and oils. J. Am. Oil Chem. Soc., 51, nr. 8, 1974, S. 368-370.
108. Klimov A. K. u.a.: Efficiency of phenolic and amine-typ anti-oxidants in hydrocarbon oils. Chem. Technol. Fuels Oils 11, 1975, S. 55-58.
109. Lamotte A. u.a.: Beitrag zur Analytik von Schmierstoffadditiven. J. Chromatogr. vol.97, nr.2, 1974, S. 213-222.
110. Lewis G. u.a.: The thickness of thin surface films determined by photo-electron spectroscopy. Corrosion Science, vol. 18, issue 7, 1978, S. 645-650.
111. Lindemann L. P. u.a.: Carbon-13 Nuclear Magnetic Resonance Spectrometry. Chemical shifts for the paraffins trough C9. Anal. Chem. Vol. 43, Nr. 10, 1971, S. 1245-1252.
112. Lundberg W. O.: Autooxidation and Antioxidants, 1962, Interscience Publishers. A Division of JohnWiley& Sons, New York.
113. Luther H. u.a.: Zur molekülspektroskopischen Gruppenanalyse gesättigter Kohlenwasserstoffe. Z. Anal. Chem.183, (1961) S. 161-172.

114. Luther H. u.a.: Gaschromatographische Untersuchungen über die thermische Zersetzung von Zinkdibutyldithiophosphaten. Erdöl und Kohle, Erdgas Petrochemie 26 (1973), S. 509-512.
115. Luther H. u.a.: Erdöl und Kohle, 12, nr. 11, 1959, S. 898-903.
116. Mang Th. u.a.: Gebrauchseigenschaften von Hydraulikflüssigkeiten auf Mineralölbasis. Erdöl und Kohle, Erdgas Petrochemie nr.8, 1972, S. 459-64.
117. Mang Th. u. a. (Hg.): Lubricants and lubrication. John Wiley& Sons, 2007.
118. Mastin R. G.: Practices for determining the expected life of used Turbine oils. Synopsys, the 24th ASLE annual meeting. Philadelphia, May 1969.
119. Möller U.J.: Grenzen und Möglichkeiten für Syntheseöle und konventionelle Öle. Erdöl und Kohle 23, 1970, S. 667-673.
120. Mookken R.T.: Dependence of oxidation stability of steam turbine oil on base oil composition: Lubrication Engineering 1997, Oct. S. 19-24.
121 Munderloh A. H.: Vereinfachung in der Strukturgruppenanalyse von Mineralölen. Erdöl und Kohle, 22, 1969, S. 23-24.
122. Nieschlag H. J. u.a.: Rapid Thermogravimetric Estimation of Oil Stability. Anal. Chem. Vol.46, nr. 14, 1974, S. 2215-2217.
123. Oelert H. H. u.a.: Charakterisierung des Aufbaus nichtsiedender Erdölanteile. Gesättigte Kohlenwasserstoffe. Erdöl, Kohle, Erdgas Petrochem. 26, 1973, S. 397-402.
124. VDEW Ölbuch, Band 1 „Schmierstoffe und Steuerflüssigkeiten“, 7. Ausgabe, 1996.
125. Pass F. u.a.: Kohlenwasserstoff-Schmieröle, Zusammensetzung und Alterungseigenschaften, Mineralöltechnik, nr. 3, 1967, S. 12-13.
126. Pass F.: Konstitution und Schmieröleigenschaften, Mineralöltechnik (1966), S. 16-17.
127. Proseus R. A.: Chromatographic techniques for Petroleum and related products. J. Chromatogr. vol. 97, nr.2, 1974, S. 201-212.
128. Pugh R.J.: Foaming, foam films, antifoaming and defoaming. Adv. Colloid Interface Sci., 64 (1996) S. 67-147.
129. Radulescu Gh. A. u.a.: Fizico-chimia si Tehnologia uleiurilor lubrifiante. Editura tehnica, Bucuresti, 1982.
130. Ray N.H.: Gas Chromatography. Nature, London, 180, 1957, S. 403-405.
131. Rizvi S.Q.A: Additives and Additive Chemistry. Fuels and Lubricants Handbook: Technology, Properties, Performance and Testing, MNL37WCD, Ed. ASTM International, West Conshohocken, PA, Chapter 9, 2003, S. 199-248.
132. Rizvi S.Q.A.: A comprehensive review of lubricant chemistry, technology, selection and design. ASTM International, Baltimore, 2009.
133. Ross S. u.a.: Lubricant foaming and aeration study. Report AFWAL-TR-82-2090. Renssealer Polytechnic Institute Troy, NY, October, 1982.
134. Rudnik L.R.: Lubricant Additives: Chemistry and Applications. Third Edition, 2017.
135. Rücker C.: Environmental chemistry of organosiloxanes. Chemical Reviews 117 (21), 2017, S. 13167-13229.
136. Sabau I.: Inventie RSR nr. 66209/31, XII., 1976.
137. Schramm L.: Foams: Fundamentals and Application in the Petroleum Industry. American Chemical Society Books, Washington DC, 1994.
138. Schwabe K. u.a.: Über die Wirkungsweise von Dicyclohexylammoniumnitrit und Dibenzylsulfoxyd als Korrosionsinhibitoren. Chemie Ingenieur Technik, Vol. 38, Nr. 1,1966, S. 59-64.

139. Scott G. Atmospheric oxidation and antioxidants. Elsevier Publishing Company, Amsterdam, 1965.
140. Seemann W. P. u.a.: Alterung von legierten Turbinenölen in Labor und Praxis. Brennstoff Chemie, 1968, vol. 49, nr. 3, S. 44-47.
141. Seubold F. H. u.a.: Acid catalysed decomposition of Cumen-Hydroperoxid. J. Am. Chem. Soc. 75, 15, 1953, S. 3790-3792.
142. Shimonaev G. S. u.a.: Mechanism of stabilization of turbine oil by antioxidants. Khim Tekhnol. Topl. Masel, nr. 10, 1974, S. 45-48.
143. Shirlett A. u.a.: Lubricant additives. Ind. Lubric. and Tribology, vol. 25, nr. 2, 1973, S. 63.
144. Spirkin V. u.a.: Optimal combination of additives for turbine oils. Chemistry and Technology of Fuels and oils. July 1994, 30(6), S. 278-280.
145. Striefler B. u.a.: Strahlenchemische Untersuchungen mit Kohlen-Wasserstoffen und Schwefelverbindungen. Erdöl, Kohle, Erdgas Petroch. 25, nr.7 1972, S. 389-393.
146 Studt P. u.a.: Strukturaufklärungen und quantitative Bestimmung von Zinkdialkyldithiophosphaten in Schmierölen. Schmierungstechnik und Tribologie 21, 1974, S. 60-62.
147. Studt P. Wirkung organischer Schwefelverbindungen als Antioxidantien in Kohlenwasserstoffen durch Radikalkettenabbruch. Erdöl und Kohle-Erdgas-Petrochemie, 27, Nr. 4 1974, S. 22-27.
148. Studt P.: Thioäther und Phenole. Erdöl und Kohle, 29, Nr. 5, 1976, S. 199-201.
149. Studt P.: Natürliche Alterungsschutzstoffe in Mineralölen. Comp. DGMK Tg. 1976, Band 2, S. 881-885.
150. Studt P.: Synergismus von Schwefelverbindungen und Phenolen als Antioxidantien in Mineralölen. Proc. 5th Int. Colloq. Esslingen 1986, Kap. 3.3.1.-3.3.14.
151. Tatur I.R. u.a.: Improvement of demulsifying characteristics of inhibited turbine oil. Chem. Technol. Fuels Oils. November 2018, 54(5), S. 541-549.
152. Thoenes H. W. u.a.: Erfahrungen mit der Vickers-Flügelzellenpumpe. Schmiertech. u. Tribologie 26, Nr. 4, 1979, S. 124-127.
153. Thomas J. R. u.a.: Substrate effects on the decomposition of Alkyl Hydroperoxides and their influence upon autoxidation. J. Phys. Chem. 63, (7) 1959, S. 1027-1032.
154. Uri N.: Autoxidation and antioxidants. Interscience New York, 1961, Chap. 2, S. 88.
155. Van Nes K., Van Westen H.A.: Aspects on the Constitution of Mineral Oils. Elsevier, Amsterdam, 1951.
156. Verbist G., Weaire D., Kraynik A.M.: The foam drainage equation. J. Phys. Condens. Matter, 8.Jg., Nr. 21, 1996, S. 3715-3731.
157. Vesely V.: Composition and oxidation of petroleum fractions Ropa a Uhlie, nr. 11, 1969, S. 297-312.
158. Vesely, V., Baxa J.: Über die Oxidation von Schmierölen. Chem. Zvesti 23 (1969) S. 301-306.
159. Volpato G. A., Manzi A.G., Bel S., Ross A.: Luft in Öl Dispersionen. European Tribology Congress, 25-27 Sept. 1973, London.
160. Walker R.: Benztriazole as a corrosion inhibitor for immersed Copper. Corrosion 29, (1973) S. 290-296.
161. Wang H.D., Hu X.L.: The study advance on effects of molecular structure of group II, III base oils on the oxidation stability. Lubricating Oil, 20(2), 2005, S. 10-14.
162. Wasson J.I., Smith W.M.: Effect of alkyl substitution on antioxidant properties of phenols. Ind. Eng. Chem. 1953,45,1, S. 197-200.
163. Welz B., Sperling M.: Atomic Absorption Spectrometry. John Wiley&Sons, 2008.

164. Wilson A. C. M.: The service performance of steam oils; oxidation stability and the predominant causes of service degradation. J. Inst. Petr. 59, nr. 566, 1973, S. 45.
165. Wolf K.: Die Schmierung von Dampfturbinen. Springer Verlag, Berlin, Göttingen, Heidelberg, 1951.
166. Wurster C. F., Durham L. J., Mosher H. S.: The thermal decomposition of primary hydroperoxides. J. Am. Chem. Soc., 80, nr. 327, 1958, S. 333-337.
167. Zaichenko L. P. u.a.: Study of inhibiting activity of 2,2-Methylene bis phosphorus acid and its mixtures with different inhibitors during oxidation of mineral oil. Journal of applied Chemistry of the USSR 47,6 (1974). S. 1390-1393.
168. Zeinalova G. A. u.a.: Synthesis and study of the antioxidativ activity of tricyclic hindered phenols. Neftechimia vol.20, issue 4, 1980, S. 230-237.
169. Zeman A., Stuwe R., Koch K.: The DSC cell-a versatil tool to study thermal-oxidative degradation of lubricants and related problems. Thermochimica Acta 80,1, 1984, S. 1-9.
170. RR 1076: Spontaneous ignition of gas turbine lubricants at temperatures below their standard auto-ignition temperatures. HSE Health and Safety Executive vom 15.04.2021.

Abbildungsverzeichnis

Tabellenverzeichnis